JN298048

理工系
基礎化学実験

岩岡道夫・藤尾克彦・伊藤　建・小松真治・小口真一　〈著〉

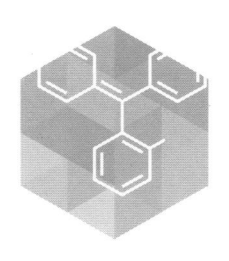

共立出版

はじめに

　本書は，大学や短大の理工系学部における基礎教育のための化学実験の教科書となることを目的に書かれたものである．

　世の中のあらゆるものは化学物質からできており，化学を専門としていない人でも日々の生活の中で知らず知らずのうちに多くの化学物質を利用している．特に，理工系学部の学生諸君は，ものを対象とした学問を学んでおり，化学物質の基礎知識や正しい取り扱い方を修得しておくことは非常に重要である．これらの知識は講義や書籍で学ぶことはできるが，実際に活用できる知識とするためには実験を通して体験することが必要である．

　本書で取り上げた実験は，長年にわたり多くの化学者の経験と知識の上に積み上げられた基礎的な実験であり，これらを体系的におこなうことによって，化学物質の性質や反応性，正しい取り扱い方を修得できるように選んである．実験はすべて，操作の簡便さと結果の確実さが十分に吟味された，教育的効果が高いものである．これらの実験を通して，化学の基礎を学ぶと同時に，化学の面白さや自然の奥深さに触れることができるであろう．これらの実験で修得できる実験操作と化学物質の取り扱いに関するスキルは，将来，最先端の科学研究を含め幅広い分野の研究・開発の基礎となるものである．

　本書は21の実験を4つの分野（無機化学，分析化学，有機化学，物理化学）に分類して掲載しており，それぞれ以下のような内容になっている．

　第1部の無機定性実験では，6つのグループ（属）に分類された陽イオン（主として金属イオン）の中から代表的なイオン24種を取り上げ，それらの特異的な反応を利用したイオンの分離法や定性的確認法を学習する．実験操作の原理は各成分の物理的化学的性質の違いを利用したものであるため，実験を通して種々の化学反応についての知識はもちろんのこと，各種無機化合物の性質に関する知識も身に付けることができる．

　第2部の定量分析実験では，化学物質の定量分析法および実験で使用する酸やアルカリなどの試薬の調製法について学習する．ビュレットを用いた酸化還元滴定と中和滴定の実験を通して，溶液濃度の正確な求め方を学ぶ．比色分析の実験では，吸収スペクトルを測定し，ランバート・ベールの法則と検量線の原理について学習する．

　第3部の有機化学実験では，有機化合物の性質，反応，抽出方法，同定方法について学習す

る．有機定性実験では，様々な反応を利用し有機化合物中の官能基を検出する方法を学ぶ．様々な薬の合成原料として重要なアセトアニリドの合成実験を通して，有機化合物の性質や反応，収率の計算法，化合物の同定法について学ぶ．ナイロンの合成実験では高分子化合物の合成方法や性質について，カフェインの抽出実験では天然物から目的の物質を抽出する方法について学ぶ．

　第4部の物理化学実験では，反応速度の測定方法と解析方法および化学におけるコンピューターの活用方法について学習する．薄層クロマトグラフィーの実験では，反応の進み具合を追跡する方法として薄層クロマトグラフィーを取り上げることにより，クロマトグラフィーの原理を学ぶ．反応速度の求め方や解析方法は，酢酸エチルの加水分解の実験を通して学ぶ．また，化学におけるコンピューター活用の例として，赤外吸収スペクトルの測定結果と計算結果の比較による化合物の同定を取り上げる．

　本書で取り上げた実験をすべて，限られた化学実験の時間内に実施するのは無理である．現有の器具や装置を考えて，どの実験をおこなうか選択していただければよいが，定番の無機定性実験（第1部）と第2部〜第4部の各分野から1〜2の実験を選択し，化学の4つの分野すべてを学習できるように配慮していただければ，より教育効果の高い化学実験になると期待される．

　本書の特色としては，無機定性実験として第1属〜第6属までの金属陽イオンの分析を網羅しており，特に他書では取り扱うことが少なくなった第2属のスズ族イオンの分離と確認法についても述べている点が挙げられる．また，各実験は目的，原理，実験操作，課題の順にまとめられ，実験の原理を十分理解した上で，実験操作をおこなえるように配慮してある．

　本書中の図の多くは大学院生の中村華音里，鈴木麻希の両氏に作成いただいた．この場を借りて，厚くお礼申し上げる．

2014年8月

著者一同

目　　次

第0部　実験上の注意事項・使用する実験器具とその使い方 …………………… 1
実験上の注意事項 ………………………………………………………………… 1
使用する実験器具とその使い方 ………………………………………………… 2

第1部　無機定性実験 …………………………………………………………………… 9
実験 1．第1属陽イオンの分離と確認 ……………………………………………… 11
実験 2．第2属陽イオンの分離と確認(1)　硫化水素による分離 …………… 15
実験 3．第2属陽イオンの分離と確認(2)　銅族イオン ……………………… 19
実験 4．第2属陽イオンの分離と確認(3)　スズ族イオン …………………… 22
実験 5．第3属陽イオンの分離と確認 ……………………………………………… 24
実験 6．第4属陽イオンの分離と確認 ……………………………………………… 29
実験 7．未知試料中の陽イオンの同定(1) ………………………………………… 33
実験 8．第5属陽イオンの分離と確認 ……………………………………………… 34
実験 9．第6属陽イオンの確認 ………………………………………………………… 38
実験 10．未知試料中の陽イオンの同定(2) ………………………………………… 41

第2部　定量分析実験 …………………………………………………………………… 43
実験 11．試薬の調製法 ………………………………………………………………… 43
実験 12．酸化還元滴定（過酸化水素の定量） …………………………………… 47
実験 13．中和滴定（酢酸の定量） ………………………………………………… 51
実験 14．比色分析（マンガンの定量） …………………………………………… 58

第 3 部　有機化学実験 …………………………………………………………… **64**

- 実験 15. 有機化合物中の官能基の検出（有機定性実験）……………………… 65
- 実験 16. アセトアニリドの合成 ……………………………………………… 73
- 実験 17. ナイロンの合成 ……………………………………………………… 79
- 実験 18. カフェインの抽出と分析 …………………………………………… 83

第 4 部　物理化学実験 …………………………………………………………… **88**

- 実験 19. 薄層クロマトグラフィー …………………………………………… 88
- 実験 20. 反応速度の測定（酢酸エチルの加水分解）………………………… 94
- 実験 21. 赤外吸収スペクトルとコンピューター実験 ……………………… 98

付　録

- 付録 A. 実験ノートの書き方 ………………………………………………… 105
- 付録 B. 有効数字と誤差の取り扱い ………………………………………… 106
- 付録 C. グラフの作成法 ……………………………………………………… 107
- 付録 D. レポートの作成法 …………………………………………………… 108

資　料

- 資料 1. アセトアニリドの赤外吸収スペクトル（KBr 錠剤法）…………… 113
- 資料 2. 4 桁の原子量表 ……………………………………………………… 114
- 資料 3. 元素の周期表 ………………………………………………………… 115

索　引 …………………………………………………………………………… 116

第 0 部
実験上の注意事項・使用する実験器具とその使い方

実験上の注意事項

　化学実験では，硫酸や塩酸などの酸，水酸化ナトリウムなどのアルカリ，硫化水素やシアン化カリウムなどの毒物といった危険な薬品を扱うため，すべての実験は気を引き締めておこなわれなければならない．事前に予習をして，取り扱う薬品の性質を頭に入れた上で慎重に実験をおこなうことが重要である．また，実験室に入ったらいつどこから薬品が飛んでくるか分からないという危険が常にあることを認識し，それに対する対抗策を講じておく必要がある．そのため，実験室内での服装について次の3点を厳守する．

① 白衣を着用する．白衣には学番と氏名をつける．
② 保護メガネを必ず着用する．
③ サンダル履きのように肌の露出した服装をしない．

万一試薬が目に入ったり，こぼしてしまったりしたときには，すぐに教員を呼び，指示に従って対処する．

　また，環境汚染防止のため，実験で使用した溶液はたとえ少量であってもむやみに流しに捨ててはならない．**実験で出た廃液は，必ず教員の指示に従い，指定された回収容器に入れる．**
　次に，化学実験を履修する上での注意点を挙げておく．

① 予習を必ずし，実験ノートに実験操作を書いておく．
　　実験を安全に手際よくおこなうためには予習が重要である．自分が実験しているところをイメージできるくらい，実験操作をよく読んでおくことが必要である．
② 実験前ガイダンスの重要事項や注意事項をノートに書きとめる．
　　実験前ガイダンスでは実験操作の変更や廃液の回収方法など重要な説明がなされることがあるので，聞きもらさないように真剣に聴く必要がある．
③ 実験中の反応の様子は詳細に観察し，ノートに結果を書く．
　　実験は気楽に何度もやり直すことができるものではないので，1回の実験で得られる情報はすべて記録するつもりで挑んでほしい．
④ 実験後のディスカッション（試問）のときに，不明な点は質問して理解する．

実験後のディスカッションは教員に気軽に質問できるよい機会である．この機会に，予習時の疑問点や実験中に疑問に思ったことなどを解決しておく，あるいは解決するヒントを得ておく．

⑤ **実験レポートを必ず期限までに提出する．**
レポート提出までが実験である．レポートを作成する中で，実験の原理や起きた反応についての理解が深まり，実験結果を評価することで実験スキルの向上や将来の研究・開発に対する基本姿勢の修得が可能となる．

最後に，実験室における実験前後の手順を説明しておく．

【実験開始前】
① 必要な器具が揃っているか確認し，洗浄する（表0.1，表0.2参照）．
② 必要であれば試薬の補充をする．

【実験終了後】
① 廃液，廃棄物を指定された回収容器に廃棄する．
② ガスの元栓を閉じる．
③ ディスカッションを受ける．
④ 使用した器具を洗浄し，過不足がないか確認する．
⑤ 器具を返却する．
⑥ 実験台，試薬瓶を整理整頓し退室する．

もし器具を破損したら，教員に申し出て破損した器具を片付けた後，補充を受ける．

使用する実験器具とその使い方

化学実験では様々な実験器具を使用する．それらの名称を覚えることはもちろん，使い方も知っている必要がある．ここでは，よく使う実験器具の名称と使い方を説明する．特定の実験でしか使用しない器具については，個々の実験の章で説明する．

「第1部 無機定性実験」で常時使用する実験器具の一覧を表0.1と表0.2に示した．表0.1の実験器具については図0.1に略図を載せたので，各実験器具の名称をしっかり覚えておく．なお，⑨のメスシリンダーはポリプロピレン製であるので，アセトンなどの有機溶媒を量りとる際には使用できない．

基本的な器具の使い方を説明しておく．

(1) ろ過の仕方（ろ紙と漏斗）
無機定性実験では沈殿物と溶液を分離するのに頻繁にろ過をおこなう．はじめに図0.2のようにろ紙を四つ折りにし，これを広げて得られる円錐を漏斗の内壁に密着させる．図中の②か

表 0.1　化学実験　実験器具表

品　　　名	数量	品　　　名	数量
① ビーカー（100 mL）	2	⑧ メスシリンダー（50 mL）	1
② ビーカー（200 mL）	2	⑨ メスシリンダー（ポリ 20 mL）	1
③ ビーカー（300 mL）	1	⑩ ポリスマン	1
④ トールビーカー（200 mL）	1	⑪ 時計皿	1
⑤ 三角フラスコ（200 mL）	4	⑫ 温度計	1
⑥ 漏斗	2	⑬ 洗浄瓶	1
⑦ 蒸発皿	2		

表 0.2　各実験台器具表

品　　　名	数量
試験管	12
試験管立て	1
三脚	1
セラミック金網	1
漏斗台	1

ら③は必ずしも 90°に折る必要はなく，漏斗の形によって折る角度を調節し，ろ紙と漏斗が密着するようにする．密着していないとろ過速度が遅くなり，ろ過の効率が落ちる．

　図 0.3 のように漏斗を漏斗台に置き，まずは上澄み液をガラス棒に伝わらせてろ紙上に注ぎ，ろ過する．次に，残った沈殿物と溶液をともにろ紙上に注ぎろ過する．容器内に残った沈殿物をとるには，ろ液の一部を容器に戻し，洗い流すようにしてろ紙上に注ぐ．

(2) 電子天秤

　化学実験において質量を正確に測定するには電子天秤が用いられる．電子天秤には，0.1 g あるいは 0.01 g まで読みとれる電子天秤や，0.0001 g 程度まで正確に測定できる分析天秤と呼ばれる電子天秤がある（図 0.4）．目的によって使い分け，必要な有効数字より 1 桁多い桁まで測定できる電子天秤を使用する．

　分析天秤で粉末試料を秤量する際の一般的な操作を説明しておく．

① 天秤のガラス扉が閉まっていることを確認してから，スイッチを入れ，表示が 0.0000 g になるのを待つ．
② ガラス扉を開け，試料を入れる容器（薬包紙や秤量皿など）を上皿に静かに載せ，ガラス扉を閉める．このとき，薬包紙や秤量皿がガラス扉に触れないように注意する．表示が安定したら，「RE-ZERO」または「TARE」と書かれたボタンを押し，風袋引きをおこなう．表示は 0.0000 g になる．

4　第0部　実験上の注意事項・使用する実験器具とその使い方

① ビーカー(100 mL)　② ビーカー(200 mL)　③ ビーカー(300 mL)　④ トールビーカー(200 mL)

⑤ 三角フラスコ(200 mL)　⑥ ロート　⑩ ポリスマン　⑦ 蒸発皿　⑪ 時計皿

⑧ メスシリンダー(50 mL)　⑨ メスシリンダー(20 mL)　⑫ 温度計　⑬ 洗浄瓶

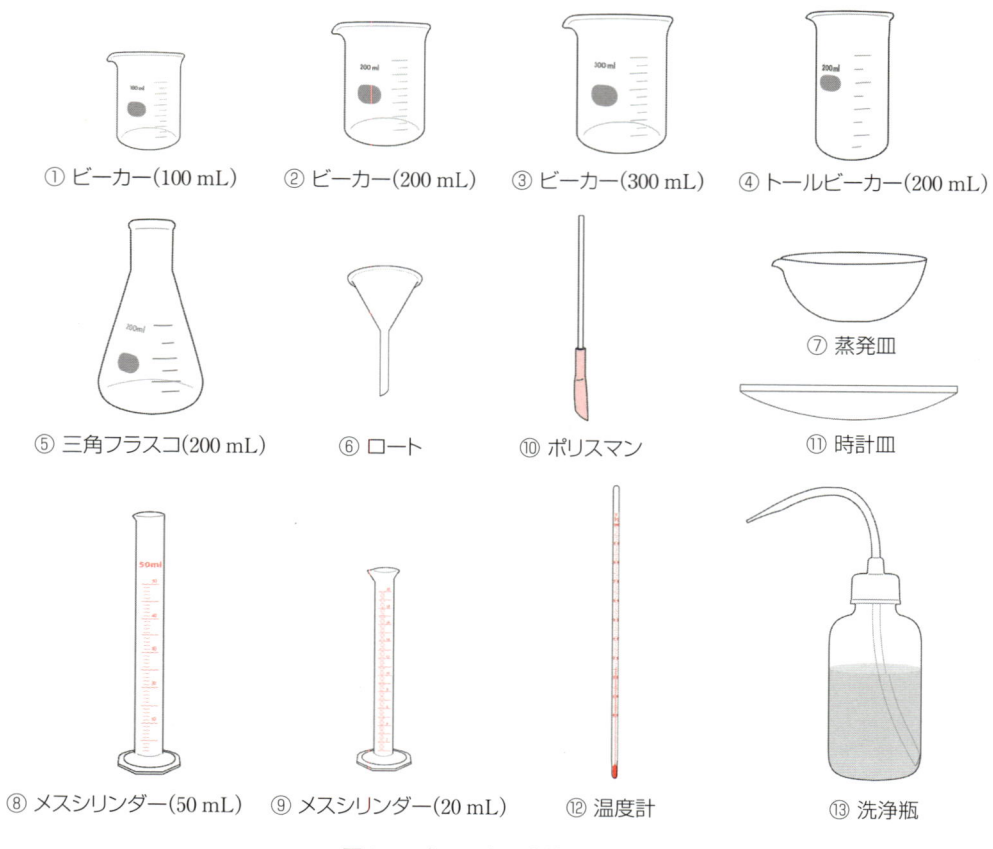

図0.1　表0.1中の実験器具の図

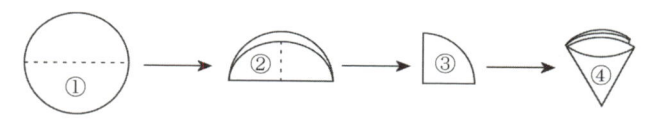

図0.2　ろ紙の折り方

図0.3　ろ過の仕方　　　図0.4　電子天秤（右が分析天秤）

③ ガラス扉を開け，薬包紙や秤量皿を取り出し，薬さじやスパチュラを用いて粉末試料を入れる．試料の入った薬包紙や秤量皿を天秤の上皿の中央に載せ，ガラス扉を閉める．表示が安定したら，その値を記録する．天秤の中で試料をこぼした場合は，スイッチを切った後で，専用のはけなどを使って取り除いておく．

(3) ピペットと安全ピペッター

ピペットには，大まかな量の液体をとるための駒込ピペットや，正確な量の液体をとるためのホール（全量）ピペットとメスピペットがある（図 0.5）．無機定性実験には前者を，定量分析実験には後者を主に用いる．

駒込ピペットは，ゴム製あるいはシリコーン製のキャップを装着して使用する．図 0.6 に示すようにキャップだけでなく本体も同時に持たないと，先端がぶれて液がこぼれることがあるので注意が必要である．また，駒込ピペットは横に倒したり，逆さにひっくり返したりしてはいけない．

次に，ホールピペットの使い方を説明する．

① 図 0.7 の左図のようにして，少量の液体を（球部の下端付近まで）吸い上げ，ピペットを横向きに倒し，回しながら内壁全体を洗った後，液体は捨てる．この**共洗い**の操作を 2〜3 回繰り返す．
② 液体を標線の上約 1 cm のところまで吸い上げ，手早く人差し指で吸い口をふさぐ．この際に，ピペットの先端が液面から離れないように注意すること．
③ 図 0.7 の中図のように片手で垂直に保持し，先端をビーカーなどの壁面に接触させた状態で人差し指を緩めてゆっくりと液面を下げ，メニスカスを標線に合わせた後，先端を壁面から離す．
④ 移す先の容器の内壁に先端を接触させ，人差し指を離して，液体を自由落下および流出させる（図 0.7 右）．大部分の液体が流出した後約 5 秒間待ってから，吸い口を再度指でふさぎ，中央のふくらんだ部分を手で握り内部に残った液体を追い出す．

有害な溶媒や溶液を扱うときは，口で吸い上げることはやめて，必ず安全ピペッターを用いなければならない．図 0.8 のようにピペットの先に安全ピペッターを取り付け，左手でピペットを保持する．安全ピペッターは右手で操作する．

① A の部分を押さえながらゴム球をつぶす．
② ピペットの先端を液体につけて，S の部分を押して液体を吸い上げる．安全ピペッター内に液体を吸い込まないよう十分注意しておこなう．
③ ピペットの先端を液体から出し，E の部分を押してメニスカスを標線に合わせる．
④ 別の容器に移動し，再び E の部分を押して液体を排出する．

共洗い等の操作は，口で吸引するときと同じである．

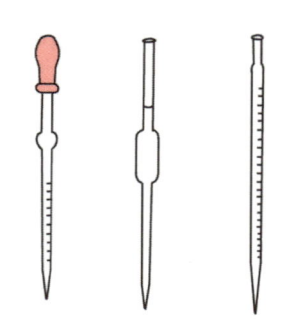

図 0.5 各種ピペット（左から駒込ピペット，ホールピペット，メスピペット）

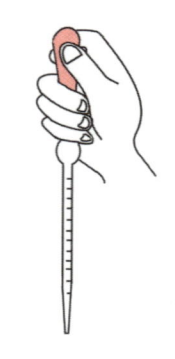

図 0.6 駒込ピペットの持ち方

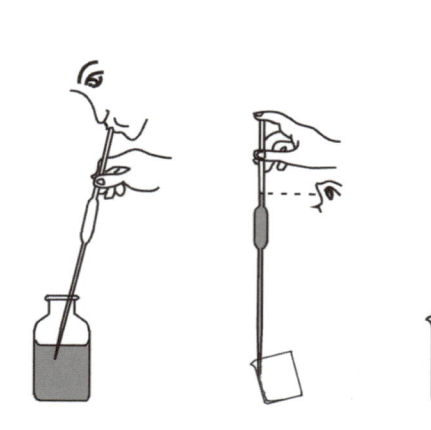

図 0.7 ホールピペットの使い方

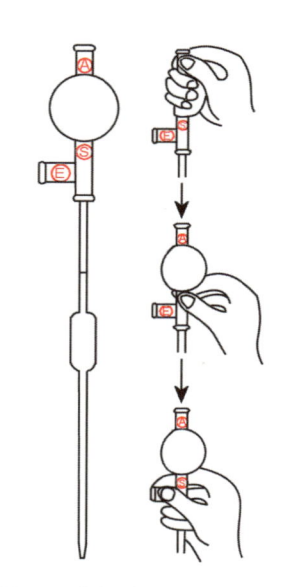

図 0.8 安全ピペッターの使い方

メスピペットも使い方はホールピペットと同様である．ホールピペットとの違いは，メスピペットには目盛が刻んであり，様々な量の液体を 1 本のピペットでとれるところである．メスピペットには，先端部まで目盛が刻まれているものとそうでないものがあるので，全量を排出するときには注意が必要である．

(4) ビュレット

ビュレットは，様々な滴定において，滴定に必要な標準溶液の体積を知るための器具である．使い方は次の通りである．

① ビュレット上部から液体を少量入れ，傾けながら回して，ビュレット内部を共洗いする．液体は下部のコックを開いて捨てる．この操作を 2〜3 回繰り返す．

② 液体をビュレット上部まで入れ，垂直にしっかりとスタンドに固定する．コックと先端の

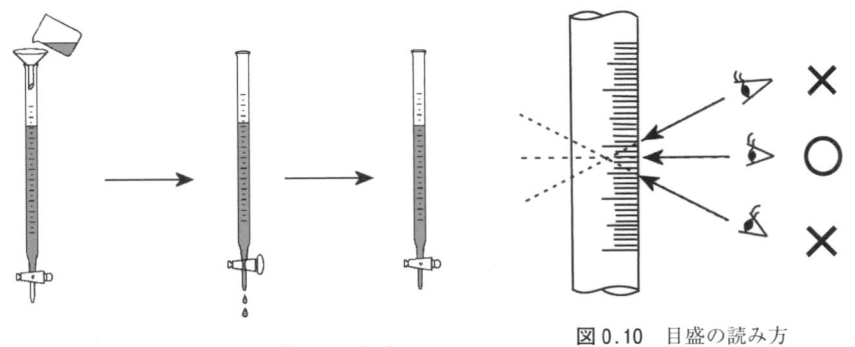

図 0.9 ビュレットへの液体の入れ方

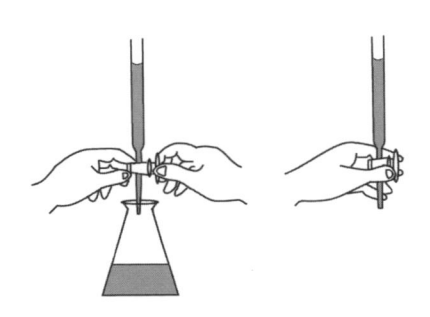

図 0.10 目盛の読み方

図 0.11 コックの操作方法

間に空気が残っている場合には，コックを全開にして液体を勢いよく流し，空気を追い出す（図 0.9）．また，ビュレットの先端に付着している液滴は，ビーカーの壁面に接触させ取り除く．

③ メニスカスの目盛を読みとり，記録する．図 0.10 のように，目盛の読みとりは，液面と目の高さを同じにして，メニスカスの下端の目盛を最小目盛の 10 分の 1 の位まで目測で読む．液面より高い位置や低い位置から目盛を読んではならない．（汚れのないガラスは親水性であるので，水はガラス壁を這い上がり，水面は半球形になる．この半球形を**メニスカス**という．）

④ コニカルビーカーなどの容器に入った試料に，液体をゆっくり滴下する．慣れないうちは，図 0.11 の左図に示すように両手でコックを操作し，液体を滴下するたびにビーカーを振り，中の溶液を撹拌する．図 0.11 の右図に示すように左手でコックを操作し，右手でビーカーを振ることができるようになると，測定時間を短縮することができる．

⑤ 終点に達したら，再度メニスカスの目盛を読みとり，記録する．③で読みとった目盛との差が，加えられた液体の体積である．

(5) メスフラスコ

　　メスフラスコは，濃度既知の溶液を調製するのに用いられる器具であり，定量分析実験には

不可欠である．メスフラスコの使い方は次の通りである．

① 精秤した試料をメスフラスコに入れる．ただし，固体試料や濃硫酸などの場合は，試料を一旦ビーカー中で溶媒に完全に溶かしてからメスフラスコに移す．ビーカー内は溶媒で洗い，洗液もメスフラスコに加える．
② 溶媒を加えて，目的の体積の半分ほどになったら，円を描くようにメスフラスコを回して撹拌する．この段階では，栓をしメスフラスコを逆さにして撹拌してはならない．
③ さらに溶媒を加え，メニスカスを標線に合わせる．その際，必ずメスフラスコは平らなところに置く．
④ 栓をし，逆さにして十分撹拌する（この操作の後，メニスカスは標線より少し下にくるが，問題ない）．

第 1 部

無機定性実験

　無機定性分析では，与えられた物質がどのような元素あるいは元素群から成り立っているのか，または与えられた溶液にはどのようなイオンが含まれているのかを調べることが目的である．ここでは，金属イオンにアンモニウムイオンを加えた 24 種類の陽イオンの分離と確認について取り扱う．

　固体の場合は，結晶形，色，比重などの物理的性質や炎色反応，種々の薬品に対する化学反応によって含まれている元素あるいは元素群を確認することもできるが，通常は適当な溶媒に溶かしてから液中に含まれているイオンを検出する．多くのイオンが共存する溶液にある特定の試薬を加えると，化学的性質の類似した数個のイオンは共通の反応を起こし沈殿する．そこで沈殿物とろ液とに分離し，共通した化学的性質をもつイオン群を 1 つの沈殿グループとして集めることができる．普通，陽イオン全体を 6 つの属に分ける．陽イオンを各グループに分けるのに使われる沈殿試薬を**分属試薬**という．グループごとに分けられた陽イオンはさらに，それぞれの化合物の溶解度の差などを利用して各イオンに分離される．分離された個々の陽イオンは，そのイオンに対して特有な反応を示す試薬（**確認試薬**）を用いて検出される．すなわち，陽イオンは，表 I に示すように，分属試薬によって第 1 属〜第 6 属の 6 つのグループに順次，沈殿分離することができ，単一試料による**系統分析**が可能である．図 I にその概略を示す．ただし，第 6 属の NH_4^+ については，分析操作の進行中にしばしば添加されるので，すべての分析操作を開始する前に検出をおこなわなければならない．

表 I　陽イオンの分属と分属試薬

属	分属試薬	所属陽イオン
第 1	HCl	Ag^+, Hg_2^{2+}, Pb^{2+}
第 2	H_2S	銅族イオン：Pb^{2+}, Bi^{3+}, Cu^{2+}, Cd^{2+} スズ族イオン：Hg^{2+}, As^{3+} (As^{5+}), Sb^{3+} (Sb^{5+}), Sn^{2+} (Sn^{4+})
第 3	NH_3, NH_4Cl	Fe^{3+}, Al^{3+}, Cr^{3+}
第 4	$(NH_4)_2S$〔あるいは，NH_3, H_2S〕	Ni^{2+}, Co^{2+}, Mn^{2+}, Zn^{2+}
第 5	$(NH_4)_2CO_3$	Ca^{2+}, Sr^{2+}, Ba^{2+}
第 6	なし	Mg^{2+}, Na^+, K^+, NH_4^+

第1部 無機定性実験

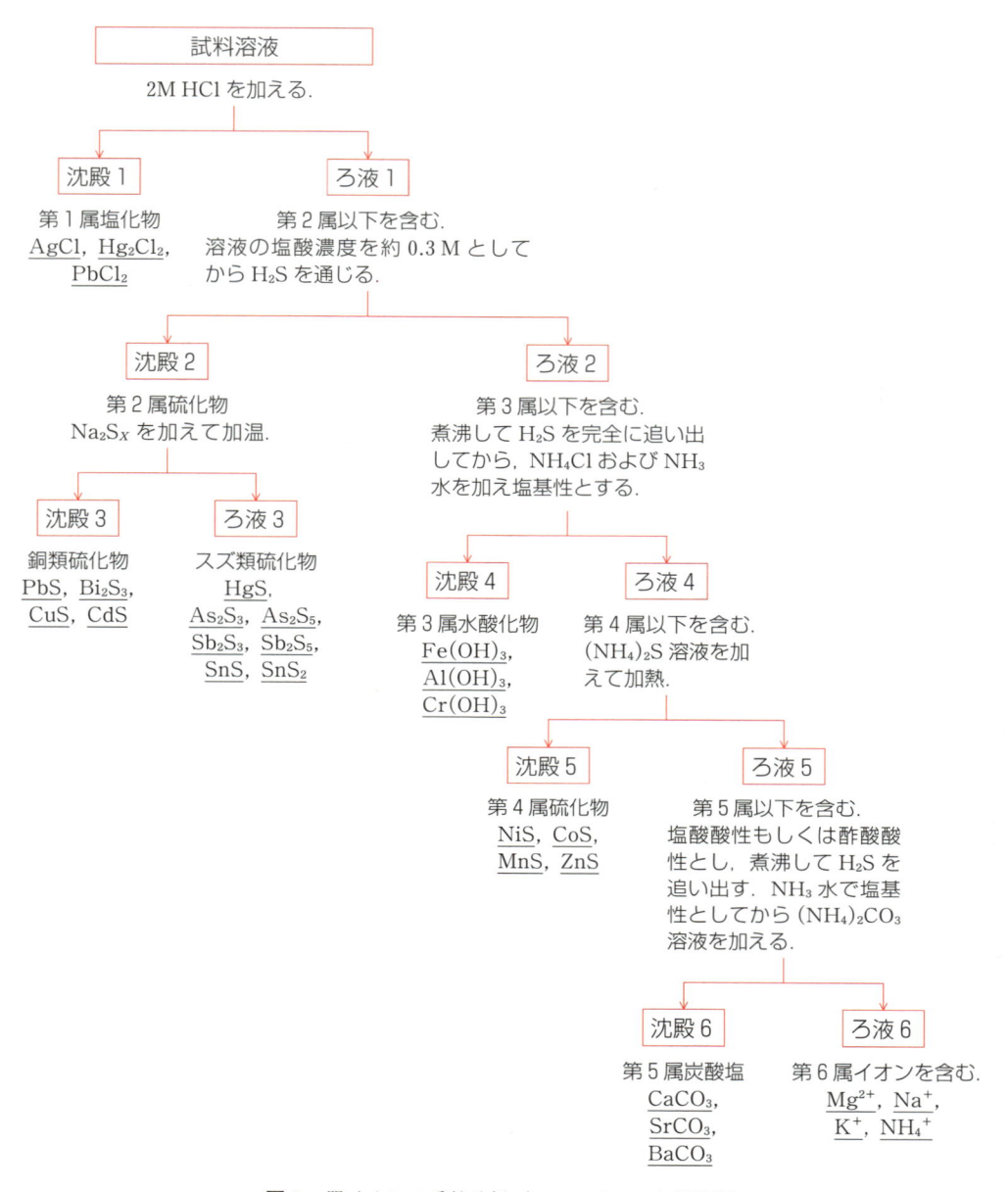

```
                        試料溶液
                    2M HCl を加える.
              ┌──────────┴──────────┐
           沈殿1                   ろ液1
         第1属塩化物           第2属以下を含む.
         AgCl, Hg₂Cl₂,        溶液の塩酸濃度を約 0.3 M として
         PbCl₂                から H₂S を通じる.
                        ┌──────────┴──────────┐
                     沈殿2                   ろ液2
                   第2属硫化物            第3属以下を含む.
                   Na₂Sₓ を加えて加温.     煮沸して H₂S を完全に追い出
                                         してから, NH₄Cl および NH₃
                                         水を加え塩基性とする.
              ┌────┴────┐          ┌──────────┴──────────┐
           沈殿3       ろ液3      沈殿4                   ろ液4
         銅類硫化物   スズ類硫化物  第3属水酸化物         第4属以下を含む.
         PbS, Bi₂S₃,  HgS,       Fe(OH)₃,             (NH₄)₂S 溶液を加
         CuS, CdS    As₂S₃, As₂S₅, Al(OH)₃,             えて加熱.
                     Sb₂S₃, Sb₂S₅, Cr(OH)₃
                     SnS, SnS₂
                                         ┌──────────┴──────────┐
                                      沈殿5                   ろ液5
                                    第4属硫化物            第5属以下を含む.
                                    NiS, CoS,            塩酸酸性もしくは酢酸酸
                                    MnS, ZnS             性とし, 煮沸して H₂S を
                                                         追い出す. NH₃ 水で塩基
                                                         性としてから (NH₄)₂CO₃
                                                         溶液を加える.
                                                 ┌──────────┴──────────┐
                                              沈殿6                   ろ液6
                                            第5属炭酸塩            第6属イオンを含む.
                                            CaCO₃,                Mg²⁺, Na⁺,
                                            SrCO₃,                K⁺, NH₄⁺
                                            BaCO₃
```

図Ⅰ　陽イオンの系統分析（フローチャート簡易版）

　この定性分析実験は，化学反応の基本的かつ重要な事柄（沈殿物の溶解度，溶解度積，酸化還元反応，気体の溶解，平衡，錯イオンの形成など）を多く含んでおり，各操作の意味をよく理解した上で実際の実験に臨むことが大切である．

実験 1. 第 1 属陽イオンの分離と確認

目 的

試料溶液中に含まれる第 1 属陽イオン（銀イオン Ag^+，水銀(I)イオン Hg_2^{2+}，鉛イオン Pb^{2+}）を第 1 属の分属試薬である塩酸を用いて分離する．次いで，分離された第 1 属陽イオンをそれぞれの陽イオンに特有な反応によって確認する．

原 理

銀イオン Ag^+，水銀(I)イオン Hg_2^{2+}，鉛イオン Pb^{2+} はいずれも無色のイオンである．これらの陽イオンは第 1 属の分属試薬である塩酸 HCl を加えると，いずれも塩化物となって沈殿する〔式(1.1)～式(1.3)〕．一方，第 2 属以降の陽イオンは塩酸を加えても沈殿を生じない．このように，1 つの属に所属するすべての陽イオンと反応して，これらを一緒に沈殿させる試薬を分属試薬という．

$$Ag^+ + Cl^- \longrightarrow AgCl\downarrow \;(白色沈殿) \quad (1.1)$$

$$Hg_2^{2+} + 2Cl^- \longrightarrow Hg_2Cl_2\downarrow \;(白色沈殿) \quad (1.2)$$

$$Pb^{2+} + 2Cl^- \longrightarrow PbCl_2\downarrow \;(白色沈殿) \quad (1.3)$$

式(1.1)～式(1.3)の反応で生じる $AgCl$，Hg_2Cl_2，$PbCl_2$ はいずれも，塩酸を大過剰に加えると錯イオンとなって溶ける．したがって，塩化物を得る際には，分属試薬の塩酸は加えすぎないようにしなければならない．

$AgCl$，Hg_2Cl_2，$PbCl_2$ の沈殿は，ろ過することで他の陽イオンから分離される．このとき，ろ紙上の沈殿物には，塩酸や他の陽イオンなどが付着している．そこで，これらの不純物を取り除くために，希釈した塩酸で沈殿物を洗う必要がある．

第 1 属の陽イオンが塩酸で沈殿を生じるのは，生成する塩化物の水に対する溶解度が小さいからである（表 1.1）．ただし Pb^{2+} の溶解度は比較的大きい．そのため，Pb^{2+} の一部は塩化鉛として沈殿せずに溶液中にそのまま残る．残った Pb^{2+} は後に，第 2 属陽イオンの分離操作に

表 1.1 第 1 属陽イオンの塩化物の水中における溶解度と溶解度積[a]

塩化物	溶解度 (g/100 g 水)	溶解度積 K_{sp}
AgCl	1.55×10^{-4} (20)	1.8×10^{-10} (18～25)
Hg_2Cl_2	2.35×10^{-4} (20)	6.3×10^{-18} (0)
$PbCl_2$	0.97 (20) 1.64 (50) 3.23 (100)	5.8×10^{-5} (18～25)

[a] かっこ内の数字は温度（℃）

おいて硫化物として完全に沈殿する．

次に，分属試薬の添加により得られた沈殿物の中に含まれている陽イオンを確認する．陽イオンの確認には，それぞれの陽イオンに特有な反応（検出試薬を用いた呈色反応や沈殿生成，炎色反応など）が用いられるが，他のイオンが共存すると反応の結果が不鮮明になったり，異なる結果が得られたりすることがある．そのため，沈殿に含まれる各陽イオンはあらかじめ分離しておく必要がある．第1属陽イオンの場合には，次に示す反応によって，各陽イオンの分離と確認をおこなうことができる．

Pb^{2+} の確認

$PbCl_2$ は熱水に対する溶解度が大きく，熱湯によく溶ける．溶けた $PbCl_2$ にクロム酸カリウム K_2CrO_4 水溶液を加えると，クロム酸鉛 $PbCrO_4$ の黄色沈殿が生じる〔式(1.4)〕．また，硫酸 H_2SO_4 を加えると，硫酸鉛 $PbSO_4$ の白色沈殿が生じる〔式(1.5)〕．

$$Pb^{2+} + CrO_4^{2-} \longrightarrow PbCrO_4\downarrow （黄色沈殿） \quad (1.4)$$
$$Pb^{2+} + SO_4^{2-} \longrightarrow PbSO_4\downarrow （白色沈殿） \quad (1.5)$$

Ag^+ の確認

$AgCl$ は過剰のアンモニア NH_3 水に錯イオンをつくって溶解する〔式(1.6)〕．この溶液を酸性にすると，Ag^+ イオンに配位していた NH_3 が中和されて解離し，再び $AgCl$ が沈殿する〔式(1.7)〕．

$$AgCl + 2NH_3 \longrightarrow [Ag(NH_3)_2]^+ （無色） + Cl^- \quad (1.6)$$
$$[Ag(NH_3)_2]^+ + Cl^- + 2H^+ \longrightarrow AgCl\downarrow + 2NH_4^+ \quad (1.7)$$

Hg_2^{2+} の確認

Hg_2Cl_2 は NH_3 水と反応して，微粒子状の水銀 Hg（黒色）と塩化水銀アミド $HgNH_2Cl$（白色）を生じる〔式(1.8)〕．

$$Hg_2Cl_2 + 2NH_3 \longrightarrow Hg\downarrow （黒色） + HgNH_2Cl\downarrow （白色） + NH_4Cl \quad (1.8)$$

以上の反応を利用することにより，試料溶液中の第1属陽イオンの存在を確認することができる．しかし，本実験のやり方では陽イオンの濃度（あるいは含有率）を正確に求めることはできない．このように，ある陽イオンが存在するかどうかを単に調べるための実験を定性実験といい，そのような操作（分析法）を定性分析という．これに対して，陽イオンの量（濃度）を正確に求めるための実験を定量実験，あるいは定量分析実験という．定量分析については，本書の第2部で取り扱う．

共通イオン効果と溶解度積

　水に対する塩の溶解性を表すには，通常，溶解度（ある温度において 100 g の水に溶かすことのできる化合物の最大質量）が用いられる．しかし，塩の溶解度は水溶液中に共存するイオンによって大きく影響される．

　たとえば，塩化鉛 $PbCl_2$ の飽和水溶液を考える．この溶液では，次の溶解平衡が成立している．

$$PbCl_2 \rightleftharpoons Pb^{2+} + 2Cl^-$$

この溶液に少量の塩酸を加えると，$PbCl_2$ の白色沈殿が生じる．これは，塩酸から生じた塩化物イオン Cl^- の効果によって溶解平衡が左に移動して，$PbCl_2$ の溶解度が小さくなるためである．このように，溶液中に共存する共通のイオンによる作用を共通イオン効果という．

　上の溶解平衡の平衡定数 K は，$K=[Pb^{2+}][Cl^-]^2/[PbCl_2]$ であるが，$[PbCl_2]=$ 一定と見なせるので，

$$K_{sp} = [Pb^{2+}][Cl^-]^2$$

と表すことができる．K_{sp} を溶解度積（濃度溶解度積）という．水に対する塩の溶解性を共通イオン効果を含めて考えるためには，溶解度積を用いる必要がある．表 1.1 の $PbCl_2$ の溶解度積の値を用いると，$PbCl_2$ は 18〜25℃ の水には $(5.8\times 10^{-5})^{1/3}=0.039$ mol/L 溶けるが，0.2M HCl には $5.8\times 10^{-5}\div 0.2\div 0.2=0.0015$ mol/L しか溶けないことがわかる．

Column

「はやぶさ」がもち帰った隕石の分析

　隕石中に含まれる元素の種類・量・形態を分析することによって，隕石の種類やそれができた年代を知ることができる．隕石の起原を知り，隕石と地球上の岩石との違いを明らかにすることで，地球や太陽系の成り立ちを知ることができる．地球上に大量に存在する岩石の分析の場合，岩石を溶かして得られた試料溶液中の金属イオンを，ここで述べた分属試薬を用いた方法で分析すればよい．しかし，隕石や文化財（たとえば，古代遺跡から発見された壁画や装飾品など）のように量が限られ，貴重なサンプルの場合には，サンプルを溶かしてしまうとサンプル自体が失われてしまう．したがって，サンプルを破壊することなく非破壊の状態でその成分を分析できる分析法が用いられなければならない．

　2010 年 6 月に小惑星探査機「はやぶさ」が太陽系の小惑星イトカワからもち帰った隕石のサンプルは直径わずか 10 μm 以下の小さなものであった．この微粒子の分析には，X 線マイクロ CT（コンピューター断層撮影装置）などの最新の分析法が用いられている．分析の結果，小惑星イトカワの起原や太陽系の成り立ちなど，これまで知られていなかった事実が化学分析の手法によって次第に明らかにされている．

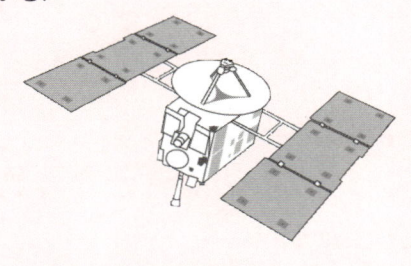

図　小惑星探査機「はやぶさ」

実験操作

　Ag$^+$, Hg$_2^{2+}$, Pb^{2+} を含む試料溶液 10 mL を 100 mL ビーカーに量りとり, 図 1.1 に示すフローチャートにしたがって実験をおこなう.

　実験をおこないながら, 実際に加えた試薬の量, 色の変化などの観察結果を細かく実験ノートに記録する. 各陽イオンがどの操作のどのような結果によって確認されたのかについても, 実験ノートに記録する. また, 予想と異なる実験結果が得られた場合には, その結果を詳しく記録し, なぜそのような結果になったのかを考えて, 実験ノートに書きとめておく.

　図 1.1 の実験操作によって Pb^{2+} が明瞭に確認されない場合には, ろ液 1 にクロム酸カリウム水溶液を少量加え, このとき起こる変化について考察する.

注　意

・保護メガネを常時着用して実験すること.
・廃液はすべて回収する. 決して, 流しに流してはならない.
・実験終了後は手をよく洗っておくこと.

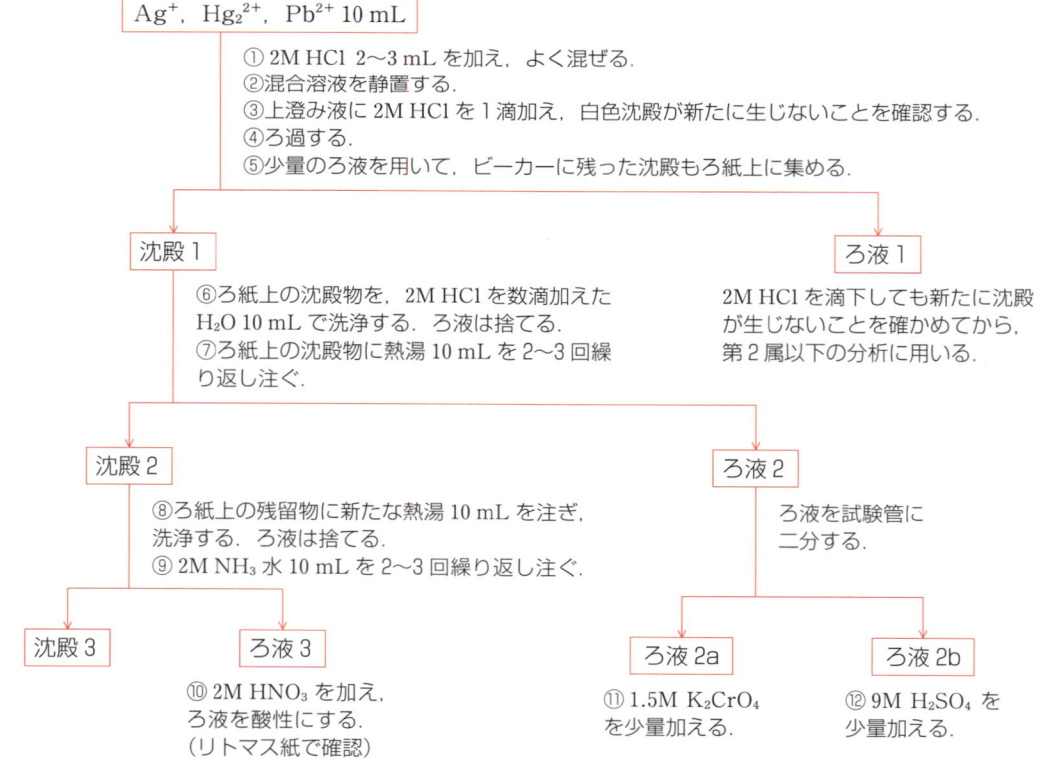

```
Ag⁺, Hg₂²⁺, Pb²⁺ 10 mL
　① 2M HCl 2～3 mL を加え, よく混ぜる.
　② 混合溶液を静置する.
　③ 上澄み液に 2M HCl を 1 滴加え, 白色沈殿が新たに生じないことを確認する.
　④ ろ過する.
　⑤ 少量のろ液を用いて, ビーカーに残った沈殿もろ紙上に集める.

沈殿 1
　⑥ ろ紙上の沈殿物を, 2M HCl を数滴加えた H₂O 10 mL で洗浄する. ろ液は捨てる.
　⑦ ろ紙上の沈殿物に熱湯 10 mL を 2～3 回繰り返し注ぐ.

ろ液 1
　2M HCl を滴下しても新たに沈殿が生じないことを確かめてから, 第 2 属以下の分析に用いる.

沈殿 2
　⑧ ろ紙上の残留物に新たな熱湯 10 mL を注ぎ, 洗浄する. ろ液は捨てる.
　⑨ 2M NH₃ 水 10 mL を 2～3 回繰り返し注ぐ.

ろ液 2
　ろ液を試験管に二分する.

沈殿 3
ろ液 3
　⑩ 2M HNO₃ を加え, ろ液を酸性にする.
　（リトマス紙で確認）

ろ液 2a
　⑪ 1.5M K₂CrO₄ を少量加える.

ろ液 2b
　⑫ 9M H₂SO₄ を少量加える.
```

図 1.1　第 1 属陽イオンの分離と確認の実験操作
沈殿 1 : AgCl, Hg$_2$Cl$_2$, PbCl$_2$, 沈殿 2 : AgCl, Hg$_2$Cl$_2$, 沈殿 3 : Hg, HgNH$_2$Cl, ろ液 1 : Pb^{2+}, ろ液 2 : Pb^{2+}, ろ液 3 : [Ag(NH$_3$)$_2$]$^+$

課 題

1. 式(1.1)〜式(1.3)の反応で生じた塩化物が過剰の塩化物イオンと反応して錯イオンをつくるときの反応式を示せ．
2. 塩化物を洗浄するのに，水ではなく希 HCl を用いるのはなぜか．
3. $PbCrO_4$ は黄色の沈殿である．しかし，黄色ではなく橙黄色の $PbCr_2O_7$ の沈殿が得られることがある．なぜそうなるのかを考え，このときの反応を反応式を用いて説明せよ．

実験 2. 第 2 属陽イオンの分離と確認(1) 硫化水素による分離

目 的

試料溶液中に含まれる第 2 属陽イオン（鉛イオン Pb^{2+}，ビスマスイオン Bi^{3+}，銅(II)イオン Cu^{2+}，カドミウムイオン Cd^{2+}，水銀(II)イオン Hg^{2+}，ヒ素イオン As^{3+}, As^{5+}，アンチモンイオン Sb^{3+}, Sb^{5+}，スズイオン Sn^{2+}, Sn^{4+}）を第 2 属の分属試薬である硫化水素を用いて分離する．次に，分離された第 2 属陽イオンをポリ硫化ナトリウム水溶液に対する溶解性の差を利用して，銅族イオンとスズ族イオンに分離する．

原 理

銅(II)イオンは青色であるが，これ以外の第 2 属陽イオンはすべて無色である．第 2 属陽イオンを含む酸性水溶液に第 2 属の分属試薬である硫化水素 H_2S を吹き込むと，いずれの陽イオンも硫化物となって沈殿する〔式(2.1)〜式(2.8)〕．第 3 属以降の陽イオンは酸性水溶液に硫化水素を通じても沈殿を生じない．

$$Pb^{2+} + S^{2-} \longrightarrow PbS\downarrow \text{（黒色沈殿）} \tag{2.1}$$

$$2Bi^{3+} + 3S^{2-} \longrightarrow Bi_2S_3\downarrow \text{（黒色沈殿）} \tag{2.2}$$

$$Cu^{2+} + S^{2-} \longrightarrow CuS\downarrow \text{（黒色沈殿）} \tag{2.3}$$

$$Cd^{2+} + S^{2-} \longrightarrow CdS\downarrow \text{（黄色沈殿）} \tag{2.4}$$

$$Hg^{2+} + S^{2-} \longrightarrow HgS\downarrow \text{（黒色または赤色沈殿）} \tag{2.5}$$

$$\left.\begin{array}{l} 2As^{3+} + 3S^{2-} \longrightarrow As_2S_3\downarrow \text{（黄色沈殿）} \\ 2As^{5+} + 5S^{2-} \longrightarrow As_2S_5\downarrow \text{（黄色沈殿）} \end{array}\right\} \tag{2.6}$$

$$\left.\begin{array}{l} 2Sb^{3+} + 3S^{2-} \longrightarrow Sb_2S_3\downarrow \text{（橙色沈殿）} \\ 2Sb^{5+} + 5S^{2-} \longrightarrow Sb_2S_5\downarrow \text{（橙色沈殿）} \end{array}\right\} \tag{2.7}$$

$$\left.\begin{array}{l} Sn^{2+} + S^{2-} \longrightarrow SnS\downarrow \text{（灰黒〜黒色沈殿）} \\ Sn^{4+} + 2S^{2-} \longrightarrow SnS_2\downarrow \text{（黄色沈殿）} \end{array}\right\} \tag{2.8}$$

硫化水素ガスはキップの装置を用いて，式(2.9)の反応によって発生させることができる．この反応で，酸としては塩酸や硫酸が用いられる．

$$\text{FeS} + 2\text{H}^+ \longrightarrow \text{H}_2\text{S}\uparrow（無色気体）+ \text{Fe}^{2+} \tag{2.9}$$

キップの装置

　実験室でガス（気体）を発生させるとき，キップの装置が一般に用いられる．この装置では，真ん中の丸い部分に固体試薬を入れ，上の丸い部分に液体試薬（塩酸や硫酸など）を入れる．コックを開くと液体試薬が下の丸い部分にたまり，やがて真ん中の丸い部分にまで達すると，固体試料と接触してガスの発生が開始する．コックを閉じると発生するガス自身によって液体試薬の液面が下がり，ガスの発生が止まる．キップの装置を用いると，ガスを必要なときに必要な量だけ発生させることができる．

　現在では，様々な種類のガスを充填したボンベが入手できるようになったことからキップの装置を実験室で見かけることは少なくなった．しかし，少量のガスを実験室で使いたい場合には，キップの装置を用いると安全かつ手軽にガスを発生させることができるので便利である．

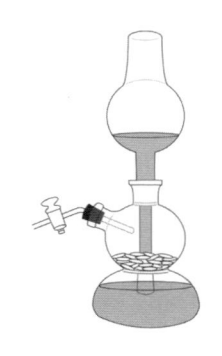

図 2.1 キップの装置

　弱酸の硫化水素は水中で 2 段階に電離し，平衡状態となる．

$$\text{H}_2\text{S} \rightleftarrows \text{H}^+ + \text{HS}^- \tag{2.10}$$

$$\text{HS}^- \rightleftarrows \text{H}^+ + \text{S}^{2-} \tag{2.11}$$

25℃における硫化水素の電離平衡定数 K_1, K_2 は，

$$K_1 = \frac{[\text{H}^+][\text{HS}^-]}{[\text{H}_2\text{S}]} = 8.5 \times 10^{-8} \tag{2.12}$$

$$K_2 = \frac{[\text{H}^+][\text{S}^{2-}]}{[\text{HS}^-]} = 6.3 \times 10^{-13} \tag{2.13}$$

である．式(2.12)と式(2.13)より，次式が導かれる．

$$K_{12} = \frac{[\text{H}^+]^2[\text{S}^{2-}]}{[\text{H}_2\text{S}]} = 5.4 \times 10^{-20} \tag{2.14}$$

　ここで，硫化水素を飽和させた水溶液の硫化水素のモル濃度を約 0.1 M(=mol/L)とすると，式(2.14)より $[\text{H}^+]^2[\text{S}^{2-}] = 5.4 \times 10^{-21}\,\text{mol}^3/\text{L}^3$ となり，硫化物イオン S^{2-} のモル濃度は溶液の pH（すなわち $[\text{H}^+]$）に大きく依存することがわかる．0.3M HCl 中の硫化物イオンのモル濃度は，$[\text{S}^{2-}] = 5.4 \times 10^{-21}/[\text{H}^+]^2 \fallingdotseq 6 \times 10^{-20}\,\text{mol/L}$ であり，溶液中に存在する硫化物イオンはごく微量である．第 2 属陽イオンの硫化物の溶解度積は非常に小さいので，このように微量の硫化物イオンによっても第 2 属陽イオンは沈殿を生じる．これに対し，第 4 属陽イオンでは硫化物の溶解度積が比較的大きく，硫化物イオンの濃度が大きい場合（弱アルカリ性条件）においてのみ硫化物の沈殿を生じる．

　第 2 属陽イオンを硫化物として沈殿させるためには，塩酸濃度 0.3 M が最もよい．これよりも塩酸濃度が大きいと PbS, CdS, SnS などの沈殿が不完全となり，これよりも塩酸濃度が小

さいと第4属陽イオンの硫化物が沈殿してくる．

表2.1 第2属陽イオンの硫化物の水中における溶解度と溶解度積[a]

硫化物	溶解度（g/100 g 水）	溶解度積 K_{sp}
PbS	1.2×10^{-4} (25)	7.1×10^{-28} (18〜25)
Bi_2S_3	1.8×10^{-5} (18)	1.6×10^{-72} (25)
CuS	2.44×10^{-14} (25)	6.3×10^{-36} (18〜25)
CdS	2.11×10^{-9} (25)	1.6×10^{-28} (18〜25)
HgS	1.25×10^{-6} (18)	3.0×10^{-52} (18〜25)
As_2S_3	8×10^{-5} (0)	—[b]
As_2S_5	3×10^{-4} (40)	—[b]
Sb_2S_3	1.75×10^{-4} (18)	—[b]
Sb_2S_5	—[b]	—[b]
SnS	1.36×10^{-6} (18)	1.1×10^{-27} (18〜25)
SnS_2	2.4×10^{-3} (26)	—[b]

[a] かっこ内の数字は温度（℃）
[b] データなし

硫化物として分離された第2属陽イオンは，ポリ硫化ナトリウム Na_2S_x 水溶液に対する反応性の差を利用して，さらに銅族イオンとスズ族イオンとに分離される．銅族イオンに分類される Pb^{2+}，Bi^{3+}，Cu^{2+}，Cd^{2+} の硫化物は，ポリ硫化ナトリウムと反応しないが，スズ族イオンに分類される Hg^{2+}，$As^{3+}(As^{5+})$，$Sb^{3+}(Sb^{5+})$，$Sn^{2+}(Sn^{4+})$ の硫化物は，ポリ硫化ナトリウムと反応して溶解する〔式(2.15)〜式(2.18)〕．分離された銅族イオンとスズ族イオンは，それぞれ実験3と実験4においてさらに分析される．

$$HgS + Na_2S_x \longrightarrow Na_2HgS_2（ジチオ水銀(II)酸ナトリウム） \quad (2.15)$$

$$As_2S_3 + 3Na_2S_x \longrightarrow 2Na_3AsS_4（テトラチオヒ酸ナトリウム） \quad (2.16)$$

$$Sb_2S_3 + 3Na_2S_x \longrightarrow 2Na_3SbS_4（テトラチオアンチモン酸ナトリウム） \quad (2.17)$$

$$SnS + Na_2S_x \longrightarrow Na_2SnS_3（トリチオスズ酸ナトリウム） \quad (2.18)$$

実験操作

Pb^{2+}，Bi^{3+}，Cu^{2+}，Cd^{2+}，Hg^{2+}，$As^{3+}(As^{5+})$，$Sb^{3+}(Sb^{5+})$，$Sn^{2+}(Sn^{4+})$ を含む試料溶液 10 mL を蒸発皿に量りとり，図2.2に示すフローチャートに従って実験をおこなう．

実験をおこないながら，実際に加えた試薬の量，色の変化などの観察結果を細かく実験ノートに記録する．予想と異なる実験結果が得られた場合には，その結果を詳しく記録し，なぜそのような結果になったのかを考えて，実験ノートに書きとめておく．

第1部　無機定性実験

```
┌─────────────────────────────────────────────────────────────────┐
│ Pb²⁺, Bi³⁺, Cu²⁺, Cd²⁺, Hg²⁺, As³⁺(As⁵⁺), Sb³⁺(Sb⁵⁺), Sn²⁺(Sn⁴⁺) 10 mL │
└─────────────────────────────────────────────────────────────────┘
```

Pb^{2+}, Bi^{3+}, Cu^{2+}, Cd^{2+}, Hg^{2+}, $As^{3+}(As^{5+})$, $Sb^{3+}(Sb^{5+})$, $Sn^{2+}(Sn^{4+})$ 10 mL

① ドラフト内で蒸発乾固する．
② 12M HCl 1 mL と水 4 mL を加える．
③ 試験管で煮沸後，H_2S を通じる．
④ 硫化水素導入管に移し，水 35 mL を加え，HCl 濃度を 0.3M とする．
⑤ 溶液を煮沸後，十分に H_2S を通じる．
⑥ 生じた沈殿物を手早くろ過する．

沈殿 1
⑦ ろ紙上の沈殿物を H_2S を含む温水で洗浄する．ろ液は捨てる．
⑧ ろ紙上の沈殿物を蒸発皿に移し，Na_2S_x 溶液 10 mL を加え，沸騰しないように温めながらよく撹拌する．
⑨ 水 10 mL を加えてろ過する．

ろ液 1
煮沸し，さらに H_2S を通じても新たに沈殿が生じないことを確かめる．次いで，溶液を再び煮沸し，酢酸鉛紙を蒸気にかざしても黒変しなくなるまで H_2S を完全に追い出してから，第 3 属以下の分析に用いる．

沈殿 2
熱水または 5% NH_4NO_3 溶液で洗浄後，銅族イオンの分析に用いる．

ろ液 2
スズ族イオンの分析に用いる．

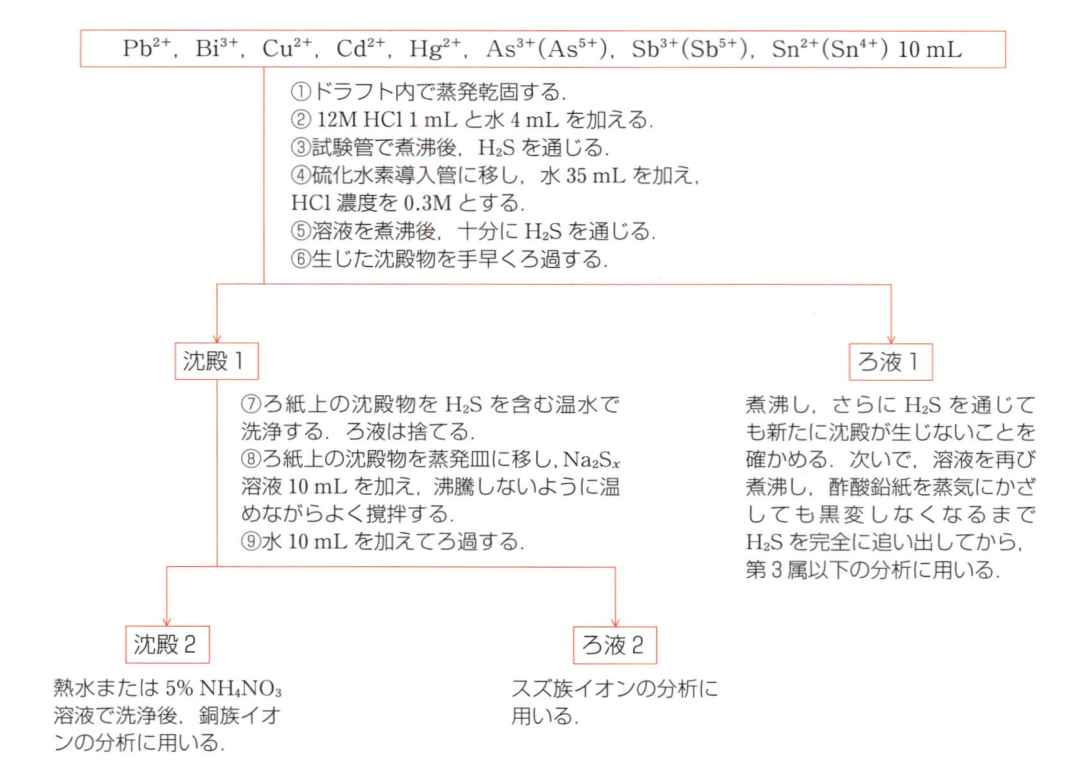

図 2.2　第 2 属陽イオンの分離と確認 (1) の実験操作

沈殿 1：PbS, Bi_2S_3, CuS, CdS, HgS, $As_2S_3(As_2S_5)$, $Sb_2S_3(Sb_2S_5)$, $SnS(SnS_2)$, 沈殿 2：PbS, Bi_2S_3, CuS, CdS. ろ液 1：金属イオンは含まれていない．ろ液 2：HgS_2^{2-}, AsS_4^{3-}, SbS_4^{3-}, SnS_3^{2-}.

注　意

・H_2S は有毒である．H_2S を取り扱う操作はすべて，酸排気用スクラバー付きのドラフト内でおこなうこと．
・廃液はすべて回収する．決して，流しに流してはならない．
・実験終了後は手をよく洗っておくこと．

課　題

1. 硫化物沈殿の洗浄に H_2S を含む溶液を用いる理由を説明しなさい．
2. キップの装置を用いて硫化水素を発生させる方法を詳しく説明せよ．

実験3. 第2属陽イオンの分離と確認(2) 銅族イオン

目 的

実験2で得られた銅族イオン（鉛イオン Pb^{2+}，ビスマスイオン Bi^{3+}，銅(II)イオン Cu^{2+}，カドミウムイオン Cd^{2+}）の硫化物沈殿に含まれる陽イオンをそれぞれの陽イオンに特有な反応によって確認する．

原 理

銅族イオンの硫化物（PbS，Bi_2S_3，CuS，CdS）は，強酸に溶けて金属イオンを遊離する．このとき，強酸として硝酸を用いると，硝酸は酸化剤としてもはたらき硫化物イオン S^{2-} を硫黄 S(0) または硫酸イオン SO_4^{2-} にまで酸化するため，金属硫化物は容易に溶解する．遊離した銅族イオン（Pb^{2+}，Bi^{3+}，Cu^{2+}，Cd^{2+}）は次の手順によって分離・確認することができる．

Pb^{2+} の確認

Pb^{2+} は濃硫酸と反応して硫酸鉛 $PbSO_4$ の白色沈殿を生じる〔式(3.1)〕が，他の銅族イオンの硫酸塩は沈殿しない．生じた硫酸鉛を酢酸アンモニウム水溶液に溶解し，これにクロム酸カリウム水溶液を加えると，クロム酸鉛 $PbCrO_4$ の黄色沈殿が生じる〔式(3.2)〕．同様の反応は，実験1においても Pb^{2+} の確認反応として用いた．

$$Pb^{2+} + SO_4^{2-} \longrightarrow PbSO_4\downarrow \text{（白色沈殿）} \qquad (3.1)$$

$$Pb^{2+} + CrO_4^{2-} \longrightarrow PbCrO_4\downarrow \text{（黄色沈殿）} \qquad (3.2)$$

Bi^{3+} の確認

Pb^{2+} を取り除いたろ液に含まれる Bi^{3+}，Cu^{2+}，Cd^{2+} のうち，Bi^{3+} はアンモニア水溶液を加えると白色の水酸化ビスマス $Bi(OH)_3$ の沈殿を生じる〔式(3.3)〕．水酸化ビスマスは亜スズ酸ナトリウム Na_2SnO_2 と反応して，金属ビスマス Bi(0) を遊離する〔式(3.4)〕．

$$Bi^{3+} + 3NH_3 + 3H_2O \longrightarrow Bi(OH)_3\downarrow \text{（白色沈殿）} + 3NH_4^+ \qquad (3.3)$$

$$2Bi(OH)_3 + 3Na_2SnO_2 \longrightarrow 2Bi\text{（黒色）} + 3Na_2SnO_3 + 3H_2O \qquad (3.4)$$

Cu^{2+} の確認

Cu^{2+} はアンモニア水溶液と反応して水酸化銅(II) $Cu(OH)_2$ の青白色沈殿を生じるが，過剰のアンモニアによりテトラアンミン銅(II)イオンとなって溶ける〔式(3.5)，式(3.6)〕．生じた錯イオンを酢酸により分解し，遊離した Cu^{2+} にヘキサシアニド鉄(II)酸カリウム水溶液を加えると，赤褐色沈殿が生じる〔式(3.7)〕．

$$Cu^{2+} + 2NH_3 + 2H_2O \longrightarrow Cu(OH)_2\downarrow \text{（青白色沈殿）} + 2NH_4^+ \qquad (3.5)$$

$$Cu(OH)_2 + 4NH_3 \longrightarrow [Cu(NH_3)_4]^{2+} (深青色) + 2OH^- \tag{3.6}$$

$$2Cu^{2+} + [Fe(CN)_6]^{4-} \longrightarrow Cu_2[Fe(CN)_6]\downarrow (赤褐色沈殿) \tag{3.7}$$

Cd^{2+} の確認

Cu^{2+} と同様に，Cd^{2+} もアンモニア水溶液と反応して一旦水酸化カドミウム $Cd(OH)_2$ の沈殿を生じるが，過剰のアンモニアにより錯イオンとなって溶ける〔式(3.8)，式(3.9)〕．生じた錯イオンに硫化アンモニウム $(NH_4)_2S$ 水溶液を加えると，硫化カドミウム CdS の黄色沈殿が生じる〔式(3.10)〕．この確認反応は $[Cu(NH_3)_4]^{2+}$ が共存すると色の変化を明瞭に確認することができない．そこで，$(NH_4)_2S$ 水溶液を加える前に，シアン化カリウム KCN 水溶液を加えて深青色の $[Cu(NH_3)_4]^{2+}$ を無色の $[Cu(CN)_4]^{2-}$ にマスキングしておく必要がある．

$$Cd^{2+} + 2NH_3 + 2H_2O \longrightarrow Cd(OH)_2\downarrow (白色沈殿) + 2NH_4^+ \tag{3.8}$$

$$Cd(OH)_2 + 4NH_3 \longrightarrow [Cd(NH_3)_4]^{2+} (無色) + 2OH^- \tag{3.9}$$

$$[Cd(NH_3)_4]^{2+} + (NH_4)_2S \longrightarrow CdS\downarrow (黄色沈殿) + 4NH_3 + 2NH_4^+ \tag{3.10}$$

実験操作

PbS，Bi_2S_3，CuS，CdS を含む沈殿物を蒸発皿に移し，図3.1に示すフローチャートに従って実験をおこなう．

実験をおこないながら，実際に加えた試薬の量，色の変化などの観察結果を細かく実験ノートに記録する．予想と異なる実験結果が得られた場合には，その結果を詳しく記録し，なぜそのような結果になったのかを考えて，実験ノートに書きとめておく．

注 意

・H_2S 発生の可能性がある操作はすべて，酸排気用スクラバー付きのドラフト内でおこなう．
・KCN 溶液の取り扱いは担当教員がおこなう．

錯イオンの形成と金属–配位子間の配位結合の強さ

金属イオン(M)は溶液中で様々な配位子(L)と配位結合して，錯イオンを形成する．錯イオンの構造は実際には多種多様であるが，多くの場合は，4配位正四面体型，4配位正方形型，5配位三方両錐形型，6配位正八面体型のいずれかに近い形となる．

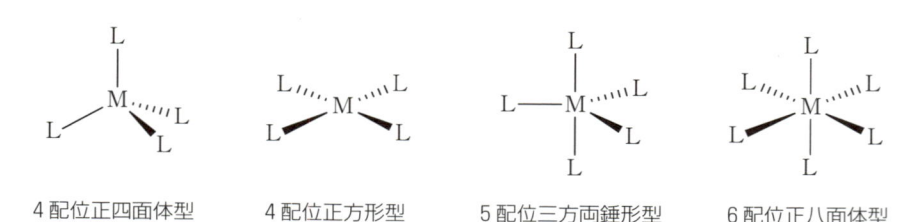

4配位正四面体型　　4配位正方形型　　5配位三方両錐形型　　6配位正八面体型

実験 3. 第 2 属陽イオンの分離と確認 (2) 銅族イオン

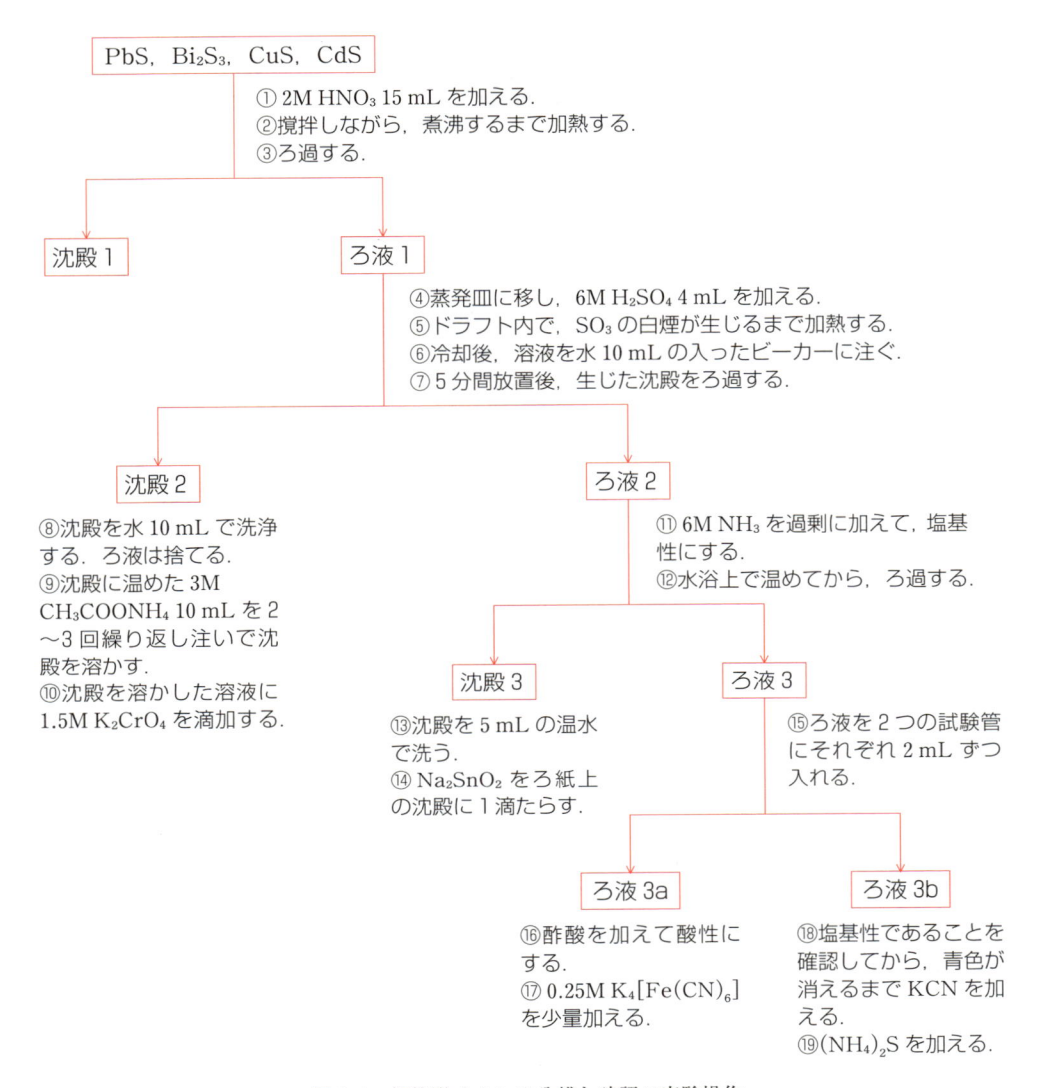

```
PbS, Bi₂S₃, CuS, CdS
   │ ① 2M HNO₃ 15 mL を加える．
   │ ② 撹拌しながら，煮沸するまで加熱する．
   │ ③ ろ過する．
   ├─────────┐
沈殿1      ろ液1
              │ ④ 蒸発皿に移し，6M H₂SO₄ 4 mL を加える．
              │ ⑤ ドラフト内で，SO₃ の白煙が生じるまで加熱する．
              │ ⑥ 冷却後，溶液を水 10 mL の入ったビーカーに注ぐ．
              │ ⑦ 5 分間放置後，生じた沈殿をろ過する．
      ┌───────┴────────┐
   沈殿2              ろ液2
   ⑧ 沈殿を水 10 mL で洗浄       ⑪ 6M NH₃ を過剰に加えて，塩基
      する．ろ液は捨てる．          性にする．
   ⑨ 沈殿に温めた 3M          ⑫ 水浴上で温めてから，ろ過する．
      CH₃COONH₄ 10 mL を 2
      ～3 回繰り返し注いで沈
      殿を溶かす．            ┌───────┴────────┐
   ⑩ 沈殿を溶かした溶液に     沈殿3           ろ液3
      1.5M K₂CrO₄ を滴加する．   ⑬ 沈殿を 5 mL の温水   ⑮ ろ液を 2 つの試験管
                                 で洗う．              にそれぞれ 2 mL ずつ
                              ⑭ Na₂SnO₂ をろ紙上      入れる．
                                 の沈殿に 1 滴たらす．
                                              ┌────┴────┐
                                           ろ液3a    ろ液3b
                                           ⑯ 酢酸を加えて酸性に   ⑱ 塩基性であることを
                                              する．              確認してから，青色が
                                           ⑰ 0.25M K₄[Fe(CN)₆]    消えるまで KCN を加
                                              を少量加える．       える．
                                                                 ⑲ (NH₄)₂S を加える．
```

図 3.1 銅族陽イオンの分離と確認の実験操作

沈殿1：<u>S</u>，沈殿2：<u>PbSO₄</u>，沈殿3：<u>Bi(OH)₃</u>，ろ液1：<u>Pb²⁺</u>，<u>Bi³⁺</u>，<u>Cu²⁺</u>，<u>Cd²⁺</u>，ろ液2：<u>Bi³⁺</u>，<u>Cu²⁺</u>，<u>Cd²⁺</u>，ろ液3：<u>[Cu(NH₃)₄]²⁺</u>，<u>[Cd(NH₃)₄]²⁺</u>

　配位結合は共有結合に比べて弱い結合であり，配位子の交換が可能である．金属イオンに結合した弱い配位能力の配位子は，強い配位能力の配位子を加えると配位子の交換が起こる．逆に，強い配位能力の配位子は，弱い配位能力の配位子とは交換しない．配位子の配位能力の順番は金属イオンの種類によっても異なる．

課　題

1．式(3.1)～式(3.10)のうち，酸化還元反応はどれか．その反応式を書き，酸化数の変化を示しなさい．

実験 4. 第2属陽イオンの分離と確認(3)　スズ族イオン

目　的

実験 2 で得られた HgS_2^{2-}, AsS_4^{3-}, SbS_4^{3-}, SnS_3^{2-} を含む溶液中のスズ族イオンをそれぞれの陽イオンに特有な反応によって確認することにより，元々の試料中に含まれていたスズ族イオン（水銀(II)イオン Hg^{2+}，ヒ素イオン As^{3+}，As^{5+}，アンチモンイオン Sb^{3+}，Sb^{5+}，スズイオン Sn^{2+}，Sn^{4+}）を同定する．

原　理

HgS_2^{2-}, AsS_4^{3-}, SbS_4^{3-}, SnS_3^{2-} の各陰イオンは塩酸と反応して硫化物の沈殿を生じる．

$$HgS_2^{2-} + 2H^+ \longrightarrow H_2S + HgS\downarrow \text{（黒色沈殿）} \tag{4.1}$$

$$2AsS_4^{3-} + 6H^+ \longrightarrow 3H_2S + As_2S_5\downarrow \text{（黄色沈殿）} \tag{4.2}$$

$$2SbS_4^{3-} + 6H^+ \longrightarrow 3H_2S + Sb_2S_5\downarrow \text{（橙色沈殿）} \tag{4.3}$$

$$SnS_3^{2-} + 2H^+ \longrightarrow H_2S + SnS_2\downarrow \text{（黄色沈殿）} \tag{4.4}$$

生じた硫化物に含まれるスズ族イオンは以下の手順によって分離・確認することができる．

Hg^{2+} の確認

HgS は過剰の塩酸にもアンモニア水にも溶けないが，酸化力の強い王水には溶け，Hg^{2+} を遊離する．得られた溶液に $SnCl_2$ 溶液を加えると，Hg_2Cl_2 の白色沈殿と微粒子状の水銀 Hg(0)（黒色）が生じる〔式(4.5)，式(4.6)〕．

$$2HgCl_2 + SnCl_2 \longrightarrow Hg_2Cl_2\downarrow \text{（白色沈殿）} + SnCl_4 \tag{4.5}$$

$$Hg_2Cl_2 + SnCl_2 \longrightarrow 2Hg\downarrow \text{（黒色）} + SnCl_4 \tag{4.6}$$

$As^{3+}(As^{5+})$ の確認

As_2S_5 は過剰の塩酸には溶けないが，過剰のアンモニア水には溶け，チオヒ酸イオン AsO_3S^{3-} やテトラチオヒ酸イオン AsS_4^{3-} を生じる．これらのイオンは硝酸で酸化するとヒ酸イオン AsO_4^{3-} となる．ヒ酸イオンはマグネシア混液を加えると，ヒ酸マグネシウムアンモニウムの白色結晶性沈殿を生じる〔式(4.7)〕．

$$AsO_4^{3-} + Mg^{2+} + NH_4^+ + 6H_2O \longrightarrow Mg(NH_4)AsO_4 \cdot 6H_2O\downarrow \text{（白色沈殿）} \tag{4.7}$$

$Sb^{3+}(Sb^{5+})$ と $Sn^{2+}(Sn^{4+})$ の確認

Sb_2S_5 と SnS_2 は，過剰の塩酸によって錯イオンを生じて溶ける〔式(4.8)，式(4.9)〕．

$$Sb_2S_5 + 12HCl \longrightarrow 2SbCl_6^{3-} + 3H_2S + 2S + 6H^+ \tag{4.8}$$

$$SnS_2 + 6HCl \longrightarrow SnCl_6^{2-} + 2H_2S + 2H^+ \qquad (4.9)$$

生じた $SbCl_6^{3-}$ は，シュウ酸 $H_2C_2O_4$ 酸性水溶液中で，硫化アンモニウム溶液を加えると Sb_2S_3 の橙黄色沈殿を生じる〔式(4.10)〕．また，スズ粒を加えると徐々に反応して，金属 Sb が析出してスズ粒の表面が黒色になる．鉄粉を加えても，$SbCl_6^{3-}$ は金属 Sb にまで還元される．

$$2SbCl_6^{3-} + 3(NH_4)_2S \longrightarrow Sb_2S_3\downarrow + 6NH_4^+ + 12Cl^- \qquad (4.10)$$

一方，$SnCl_6^{2-}$ は鉄粉によって Sn^{2+} に還元される．これに濃塩酸を加え，さらに $HgCl_2$ 溶液を加えると，式(4.5)，式(4.6)の反応が起こり，灰白色の沈殿を生じる．

実験操作

HgS_2^{2-}，AsS_4^{3-}，SbS_4^{3-}，SnS_3^{2-} を含む試料溶液を 100 mL ビーカーに移し，図 4.1 に示すフローチャートに従って実験をおこなう．

実験をおこないながら，実際に加えた試薬の量，色の変化などの観察結果を細かく実験ノートに記録する．予想と異なる実験結果が得られた場合には，その結果を詳しく記録し，なぜそのような結果になったのかを考えて，実験ノートに書きとめておく．

注意

- スズ族イオンは有毒であるので，廃液はすべて回収する．決して，流しに流してはならない．
- 実験終了後は手をよく洗っておくこと．

王水

濃塩酸と濃硝酸を 3：1 の体積比で混合した溶液である．$3HCl + HNO_3 \longrightarrow NOCl + Cl_2 + 2H_2O$ の反応により，橙黄色の塩化ニトロシル NOCl を生じる．王水はイオン化傾向の大きな金属（Au, Pt）を溶かすことができる．本実験では，HgS 中の硫化物イオン S^{2-} を酸化するために用いている．

マグネシア混液

$MgCl_2 \cdot 6H_2O$ 100 g と NH_4Cl 100 g とを水に溶解し，これに濃アンモニア水 50 mL を加えて全量を 1 L とした溶液である．マグネシア混液はヒ酸イオンの検出に用いられる．

課題

1. 式(4.1)〜式(4.10)のうち，酸化還元反応はどれか．その反応式を書き，酸化数の変化を示しなさい．
2. Sb，Fe，Sn のイオン化傾向の大小を実験事実に基づいて説明しなさい．
3. 6M HNO_3 を加えて蒸発乾固すると，As_2S_5 は酸化されてヒ酸 H_3AsO_4 になる．このとき

24　第1部　無機定性実験

```
┌─────────────────────────────────────────┐
│ HgS₂²⁻, AsS₄³⁻, SbS₄³⁻, SnS₃²⁻ を含む溶液 │
└─────────────────────────────────────────┘
```

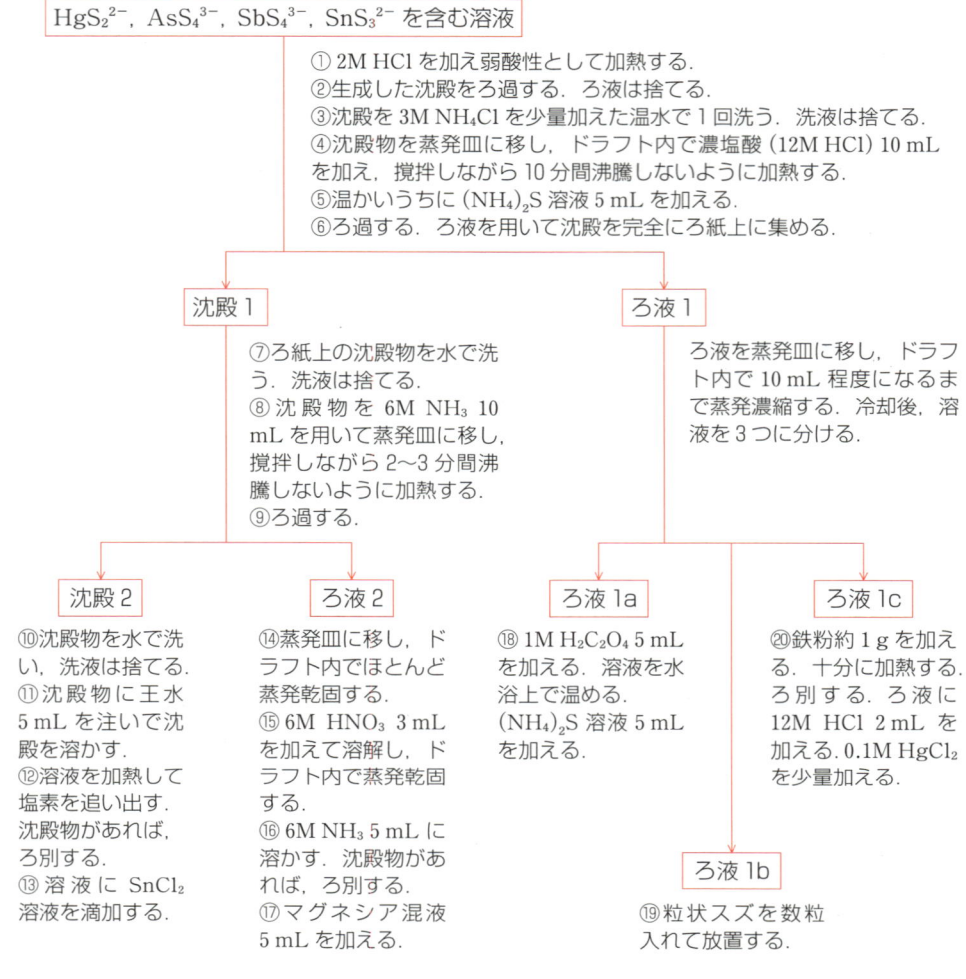

① 2M HCl を加え弱酸性として加熱する．
② 生成した沈殿をろ過する．ろ液は捨てる．
③ 沈殿を 3M NH₄Cl を少量加えた温水で 1 回洗う．洗液は捨てる．
④ 沈殿物を蒸発皿に移し，ドラフト内で濃塩酸 (12M HCl) 10 mL を加え，撹拌しながら 10 分間沸騰しないように加熱する．
⑤ 温かいうちに (NH₄)₂S 溶液 5 mL を加える．
⑥ ろ過する．ろ液を用いて沈殿を完全にろ紙上に集める．

沈殿 1
⑦ ろ紙上の沈殿物を水で洗う．洗液は捨てる．
⑧ 沈殿物を 6M NH₃ 10 mL を用いて蒸発皿に移し，撹拌しながら 2〜3 分間沸騰しないように加熱する．
⑨ ろ過する．

沈殿 2
⑩ 沈殿物を水で洗い，洗液は捨てる．
⑪ 沈殿物に王水 5 mL を注いで沈殿を溶かす．
⑫ 溶液を加熱して塩素を追い出す．沈殿物があれば，ろ別する．
⑬ 溶液に SnCl₂ 溶液を滴加する．

ろ液 2
⑭ 蒸発皿に移し，ドラフト内でほとんど蒸発乾固する．
⑮ 6M HNO₃ 3 mL を加えて溶解し，ドラフト内で蒸発乾固する．
⑯ 6M NH₃ 5 mL に溶かす．沈殿物があれば，ろ別する．
⑰ マグネシア混液 5 mL を加える．

ろ液 1
ろ液を蒸発皿に移し，ドラフト内で 10 mL 程度になるまで蒸発濃縮する．冷却後，溶液を 3 つに分ける．

ろ液 1a
⑱ 1M H₂C₂O₄ 5 mL を加える．溶液を水浴上で温める．(NH₄)₂S 溶液 5 mL を加える．

ろ液 1b
⑲ 粒状スズを数粒入れて放置する．

ろ液 1c
⑳ 鉄粉約 1 g を加える．十分に加熱する．ろ別する．ろ液に 12M HCl 2 mL を加える．0.1M HgCl₂ を少量加える．

図 4.1　スズ族陽イオンの分離と確認の実験操作

操作⑤　硫化アンモニウム (NH₄)₂S は Hg と As を十分に沈殿させるために加える．
操作⑫　塩素が存在していると，SnCl₂+Cl₂ ⟶ SnCl₄ の反応が起こり，SnCl₂ の還元作用が阻害される．
沈殿 1：HgS，As₂S₅，沈殿 2：HgS，ろ液 1：SnCl₆²⁻，SbCl₆³⁻，ろ液 2：AsO₃³⁻，AsS₄³⁻

の反応式を書きなさい．

4．シュウ酸 H₂C₂O₄ の構造式を書きなさい．

実験 5.　第 3 属陽イオンの分離と確認

目　的

試料溶液中に含まれる第 3 属陽イオン（鉄(III)イオン Fe^{3+}，アルミニウムイオン Al^{3+}，クロム(III)イオン Cr^{3+}）を第 3 属の分属試薬であるアンモニア水を用いて分離する．次いで，分離された第 3 属陽イオンをそれぞれの陽イオンに特有な反応によって確認する．

原理

鉄(III)イオン Fe^{3+} は褐色のイオン，アルミニウムイオン Al^{3+} は無色のイオン，クロム(III)イオン Cr^{3+} は青緑色のイオンである．これらの陽イオンは第3属の分属試薬であるアンモニア NH_3 水を加えると，いずれも水酸化物となって沈殿する〔式(5.1)～式(5.3)〕．一方，第4属以降の陽イオンは NH_3 水を加えても沈殿を生じない．

$$Fe^{3+} + 3NH_3 + 3H_2O \longrightarrow Fe(OH)_3\downarrow（赤褐色沈殿） + 3NH_4^+ \quad (5.1)$$
$$Al^{3+} + 3NH_3 + 3H_2O \longrightarrow Al(OH)_3\downarrow（白色沈殿） + 3NH_4^+ \quad (5.2)$$
$$Cr^{3+} + 3NH_3 + 3H_2O \longrightarrow Cr(OH)_3\downarrow（緑色沈殿） + 3NH_4^+ \quad (5.3)$$

第3属陽イオンを水酸化物として完全に沈殿させるには，試料溶液中に残存する目的金属イオンの濃度が十分小さくなるように，溶解度積（表5.1）を考慮して，水酸化物イオン濃度 $[OH^-]$ を大きくする必要がある．しかし，$[OH^-]$ が大きくなり過ぎると，水酸化物の一部が金属酸イオン（たとえば，テトラヒドロキシドアルミン酸イオン $[Al(OH)_4]^-$）となって溶けたり，第4属以下の Mn^{2+} および Zn^{2+} が $Mn(OH)_2$ および $Zn(OH)_2$ として沈殿したりする．したがって，試料溶液は適切な pH になるように調製しなければならない．そのために，第3属陽イオンの分離には，アンモニア NH_3-塩化アンモニウム NH_4Cl 緩衝溶液が用いられる．この緩衝溶液の pH は9付近に保たれる．

表5.1 水酸化物の沈殿 pH（10^{-2} M 溶液）および溶解度積（25℃）

水酸化物	水酸化物の沈殿 pH	溶解度積 K_{sp}
$Al(OH)_3$	4.1～9.2	2.0×10^{-34}
$Cr(OH)_3$	4.8～	5.0×10^{-31}
$Fe(OH)_3$	3.5～	3.2×10^{-40}

緩衝溶液

弱酸とその塩（または弱塩基とその塩）の混合水溶液の水素イオン濃度，すなわち溶液の pH は，少量の酸や塩基が加わってもほとんど変わらない．このように，外部から pH を変化させる要因が加わってもそれに抵抗する性質のある溶液を**緩衝溶液**という．

いま，酢酸と酢酸ナトリウムの混合溶液を考える．この混合溶液中では次の電離が起こっている．

$$CH_3COOH \rightleftharpoons CH_3COO^- + H^+ \quad (a)$$
$$CH_3COONa \longrightarrow CH_3COO^- + Na^+ \quad (b)$$

式(a)の酢酸の電離はわずかであり平衡が成立しているが，式(b)の酢酸ナトリウムは完全に電離している．この混合溶液に少量の酸を加えると，大量に存在する酢酸イオンが反応して $CH_3COO^- + H^+ \longrightarrow CH_3COOH$ となり，加えられた H^+ は消費され，溶液の pH はほとんど変化

しない.少量の塩基を加えても,大量に存在する酢酸が反応して $CH_3COOH+OH^- \longrightarrow CH_3COO^-+H_2O$ となり,加えられた OH^- は消費され,溶液の pH はほとんど変化しない.

NH_3-NH_4Cl 緩衝溶液中では,NH_4Cl の電離によって生じる大量のアンモニウムイオン NH_4^+ による共通イオン効果によって,NH_3 の電離度が著しく小さくなる.このため $[OH^-]$ が小さくなり,溶解度の大きい $Mn(OH)_2$ は沈殿しない.しかし,Mn^{2+} は空気酸化を受けて Mn^{3+} になると $Mn(OH)_3$ または $MnO(OH)$ として一部沈殿する恐れがある.したがって,NH_3 水を加えてアルカリ性にした溶液を長く空気に曝しておかない方がよい.

NH_3-NH_4Cl 緩衝溶液を用いる目的は,緩衝作用による pH 調節以外に,第 4 属イオン(Ni^{2+}, Co^{2+}, Zn^{2+})を NH_3 と安定な錯イオンを生成させて溶かすことと,コロイド状になりやすい第 3 属の水酸化物を NH_4Cl(電解質)の添加によって凝析させて大きな粒子にすることである.

式(5.1)〜式(5.3)によって生じた水酸化物の沈殿に水酸化ナトリウム NaOH 水溶液を過剰に加えると,両性水酸化物である $Al(OH)_3$ と $Cr(OH)_3$ は,それぞれテトラヒドロキシドアルミン酸イオン $[Al(OH)_4]^-$ およびテトラヒドロキシドクロム(III)酸イオン $[Cr(OH)_4]^-$ となって溶ける〔式(5.4),式(5.5)〕.これらの金属酸イオンは実際には $[M(OH)_4(H_2O)_2]^-$ の構造をもつが,慣習によって H_2O を省略して表している.

$$Al(OH)_3 + OH^- \longrightarrow [Al(OH)_4]^- \qquad (5.4)$$

$$Cr(OH)_3 + OH^- \longrightarrow [Cr(OH)_4]^- \qquad (5.5)$$

式(5.5)によって生じた $[Cr(OH)_4]^-$ は,さらに過酸化水素 H_2O_2 を加えることによって,酸化されてクロム酸イオン CrO_4^{2-}(黄色)になる〔式(5.6)〕.

$$2[Cr(OH)_4]^- + 3H_2O_2 + 2OH^- \longrightarrow 2CrO_4^{2-} + 8H_2O \qquad (5.6)$$

Fe^{3+} の確認

式(5.1)によって生じた $Fe(OH)_3$ は過剰の NaOH 水溶液に溶けないが,HCl には容易に溶ける.遊離した Fe^{3+} にチオシアン酸カリウム KSCN 水溶液を加えると,式(5.7)の反応によって血赤色を呈する.

$$Fe^{3+} + 6SCN^- \longrightarrow [Fe(SCN)_6]^{3-} \qquad (5.7)$$

また,Fe^{3+} にヘキサシアニド鉄(II)酸カリウム $K_4[Fe(CN)_6]$ 水溶液を加えると,式(5.8)の反応により,ヘキサシアニド鉄(II)酸鉄(III)の濃青色沈殿が生じる.この沈殿はベルリン青と呼ばれる.

$$4Fe^{3+} + 3[Fe(CN)_6]^{4-} \longrightarrow Fe_4[Fe(CN)_6]_3 \downarrow \qquad (5.8)$$

Al^{3+} の確認

式(5.4)で生じた $[Al(OH)_4]^-$ に HCl を加えると，沈殿が一旦生じるが，酸性にすると沈殿は再び溶ける〔式(5.9)，式(5.10)〕．

$$[Al(OH)_4]^- + H^+ \rightleftarrows Al(OH)_3\downarrow + H_2O \qquad (5.9)$$

$$Al(OH)_3 + 3H^+ \rightleftarrows Al^{3+} + 3H_2O \qquad (5.10)$$

遊離した Al^{3+} にアルミノン試薬を加え，弱塩基性にすると，赤色のアルミノンレーキが生成する．この反応は Al^{3+} に特有の反応である．

Cr^{3+} の確認

式(5.6)で生じた CrO_4^{2-} に酢酸 CH_3COOH を加えて酸性にし，酢酸鉛 $Pb(CH_3COO)_2$ 水溶液を加えるとクロム酸鉛 $PbCrO_4$ の黄色沈殿を生じる〔式(5.11)〕．

$$CrO_4^{2-} + Pb(CH_3COO)_2 \longrightarrow PbCrO_4\downarrow + 2CH_3COO^- \qquad (5.11)$$

Column

ベルリン青

和名で**紺青**と呼ばれる青色顔料は，1704年ドイツのベルリンにおいて発見された．そのため，「ベルリンの青」という意味を込めて，しばしば**ベルリン青**と呼ばれる．ベルリン青の鮮やかな青色は，葛飾北斎や歌川広重の浮世絵にも使われている．

アルミノン試薬

アルミノンは図のような分子構造をもつ赤色粉末状の芳香族有機化合物であり，これを濃度0.1%で水に溶かした溶液がアルミノン試薬である．アルミノンレーキは，水酸化アルミニウム $Al(OH)_3$ の沈殿に有機色素であるアルミノンが吸着したものであり，酢酸アンモニウム CH_3COONH_4 を含む緩衝溶液中でのみ生成する．金属の水酸化物に色素が吸着してできる着色物質は，一般にレーキと呼ばれる．

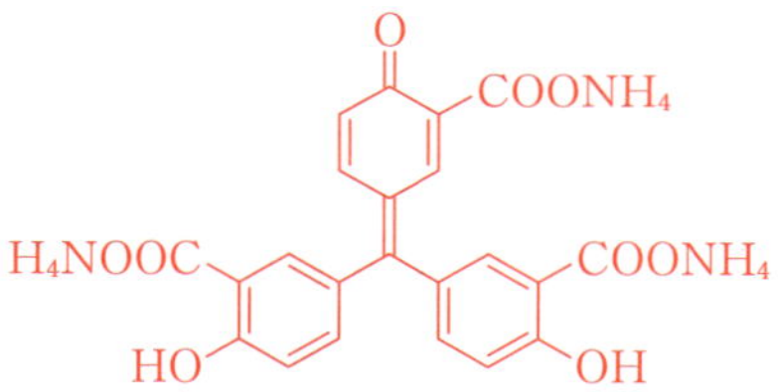

図5.1 アルミノンの構造式

第1部 無機定性実験

```
┌─────────────────────────┐
│ Fe³⁺, Al³⁺, Cr³⁺ 10 mL │
└─────────────────────────┘
```

① 3M NH₄Cl 10 mL を加える.
② 溶液をかき混ぜながら, 溶液がアルカリ性 (リトマス紙で確認) になるまで 6M NH₃ 水を添加する.
③ 煮沸してから放冷する.
④ ろ過する.

沈殿 1

⑤ ろ紙上の沈殿を, 少量の NH₄Cl を含む温水で洗う. 洗液は捨てる.
⑥ 6M HCl 5 mL をろ紙の上から加え, 沈殿を完全に溶かす.
⑦ 沈殿の溶けた溶液に, 3M NaOH を万能 pH 試験紙で pH13 以上になるまで加える.
⑧ 3% H₂O₂ 3 mL を加え, 煮沸する.
⑨ 煮沸後, 5 mL の水を加えて薄めてから, ろ過する.

ろ液 1

2M NH₃ 水を数滴加えても沈殿を生じないことを確かめてから, 第4属以下の分析に用いる.

沈殿 2

⑩ 沈殿を約 0.1M NaOH で洗浄する.
⑪ 沈殿の一部をとって 6M HCl 3 mL に溶かし, 水で倍量に薄めて試験管に二分する.

ろ液 2

⑭ ビーカーを用いて蒸発濃縮して全量を 10 mL くらいにする.
⑮ 6M HCl で酸性 (リトマス紙で確認) にする.
⑯ 6M NH₃ 水を加えてアルカリ性 (リトマス紙で確認) にする.
⑰ ろ過する.

溶液 2a
⑫ 1M KSCN を加える.

溶液 2b
⑬ 0.25M K₄[Fe(CN)₆] を加える.

沈殿 3

⑱ 沈殿を水でよく洗う.
⑲ 2M HCl 3 mL をろ紙の上から加えて, 沈殿を溶かす.
⑳ 沈殿の溶けた溶液に 3M CH₃COONH₄ 3〜5 滴とアルミノン試薬数滴を加える.
㉑ さらに 2M NH₃ 水を加えアルカリ性 (リトマス紙で確認) にする.

ろ液 3

㉒ 6M CH₃COOH で酸性 (リトマス紙で確認) にし, 0.5M Pb(CH₃COO)₂ を加える.

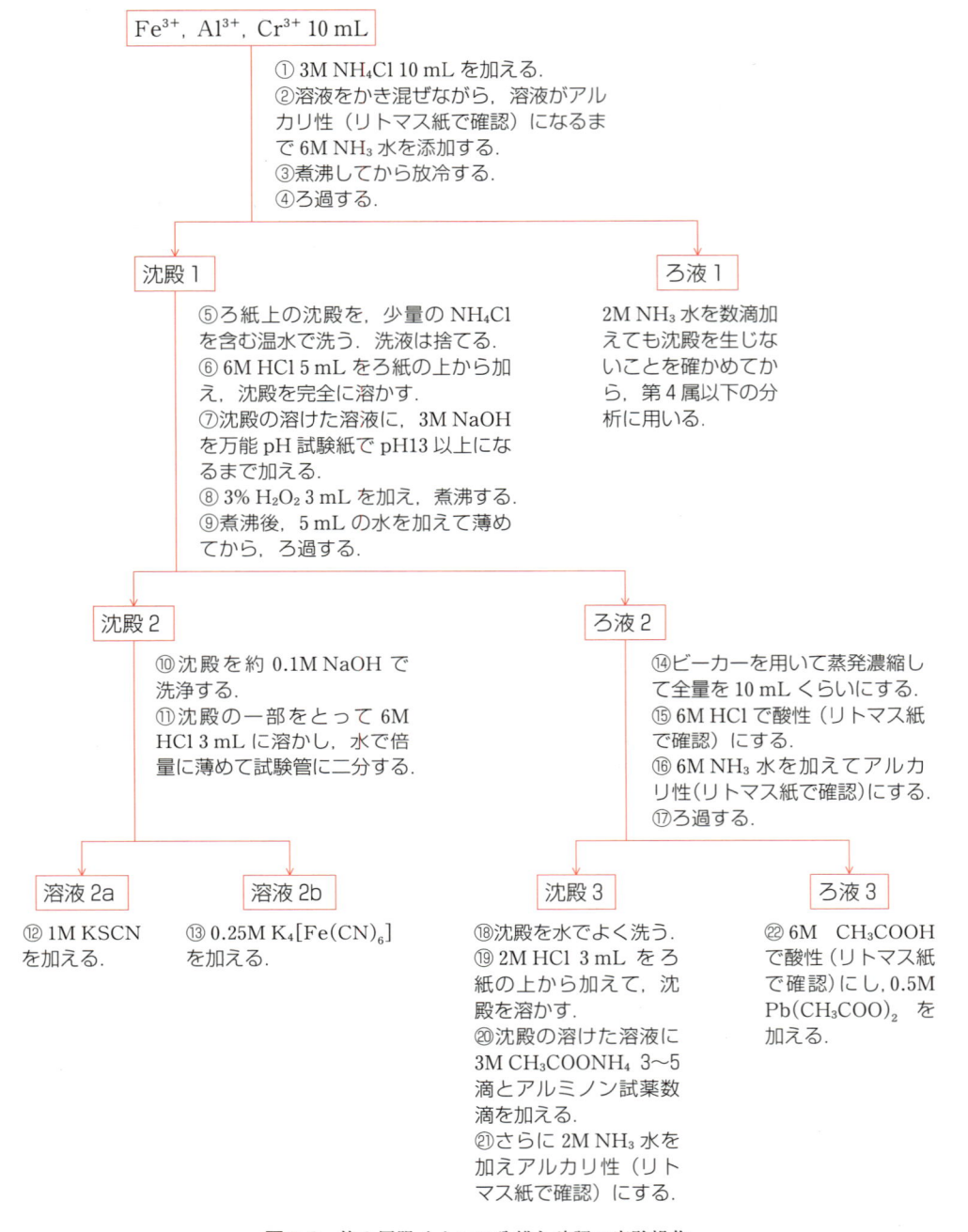

図 5.2 第3属陽イオンの分離と確認の実験操作

沈殿 1：Al(OH)₃, Fe(OH)₃, Cr(OH)₃. 沈殿 2：Fe(OH)₃. 沈殿 3：Al(OH)₃. ろ液 1：金属イオンは含まれていない.
ろ液 2：[Al(OH)₄]⁻, CrO₄²⁻. ろ液 3：CrO₄²⁻.

実験操作

Fe^{3+}, Al^{3+}, Cr^{3+} を含む試料溶液 10 mL を 100 mL ビーカーに量りとり，図 5.2 に示すフローチャートに従って実験をおこなう．

実験をおこないながら，実際に加えた試薬の量，色の変化などの観察結果を細かく実験ノートに記録する．予想と異なる実験結果が得られた場合には，その結果を詳しく記録し，なぜそのような結果になったのかを考えて，実験ノートに書きとめておく．

課 題

1．$[Cr(OH)_4]^-$ と H_2O_2 との反応における Cr 原子と O 原子の酸化数の変化を示しなさい．
2．沈殿 1 に対する実験操作⑥～⑧の際に起こる反応を，反応式を用いて説明しなさい．
3．ろ液 2 に対する実験操作⑮，⑯の際に起こる反応を，反応式を用いて説明しなさい．
4．Al^{3+} は多量の NaOH 水溶液を加えても沈殿しないが，NH_3 水では沈殿する．これはなぜか．

実験 6. 第 4 属陽イオンの分離と確認

目 的

試料溶液中に含まれる第 4 属陽イオン（ニッケルイオン Ni^{2+}，コバルト(II)イオン Co^{2+}，マンガン(II)イオン Mn^{2+}，亜鉛イオン Zn^{2+}）を第 4 属の分属試薬である硫化アンモニウムを用いて分離する．次いで，分離された第 4 属陽イオンをそれぞれの陽イオンに特有な反応によって確認する．

原 理

ニッケルイオン Ni^{2+} は緑色のイオン，コバルト(II)イオン Co^{2+} は桃色のイオン，マンガン(II)イオン Mn^{2+} は淡紅色のイオン，亜鉛イオン Zn^{2+} は無色のイオンである．これらの陽イオンは第 4 属の分属試薬である硫化アンモニウム $(NH_4)_2S$ 水溶液を加えると，いずれも硫化物となって沈殿する〔式(6.1)～式(6.4)〕．一方，第 5 属以降の陽イオンは $(NH_4)_2S$ を加えても沈殿を生じない．

$$Ni^{2+} + (NH_4)_2S \longrightarrow NiS\downarrow （黒色沈殿）+ 2NH_4^+ \qquad (6.1)$$
$$Co^{2+} + (NH_4)_2S \longrightarrow CoS\downarrow （黒色沈殿）+ 2NH_4^+ \qquad (6.2)$$
$$Mn^{2+} + (NH_4)_2S \longrightarrow MnS\downarrow （肉色沈殿）+ 2NH_4^+ \qquad (6.3)$$
$$Zn^{2+} + (NH_4)_2S \longrightarrow ZnS\downarrow （白色沈殿）+ 2NH_4^+ \qquad (6.4)$$

第 4 属陽イオンは，弱塩基性水溶液中において難溶性硫化物をつくる．酸性水溶液中では $[S^{2-}]$ が小さいために硫化物は沈殿しない．これは，第 4 属陽イオンの硫化物の溶解度が第 2 属陽イオンに比べて大きいからである．すなわち，酸性溶液中では Ni^{2+}，Co^{2+}，Mn^{2+}，Zn^{2+}

の各イオンの濃度と S^{2-} の濃度の積が NiS, CoS, MnS, ZnS の溶解度積（表6.1）にいずれも達しない．一方，塩基性水溶液中では $[S^{2-}]$ が大きくなるために硫化物が沈殿する．第4属陽イオンの分離の操作としては，本来は塩基性水溶液に硫化水素 H_2S ガスを直接吹き込む方法が用いられるが，本実験では取り扱いやすい $(NH_4)_2S$ 水溶液を加えることで代用する．

表6.1 硫化物の溶解度積（18〜25℃）[a]

硫化物	溶解度積 K_{sp}	硫化物	溶解度積 K_{sp}
α-NiS	3.2×10^{-19}	α-CoS	2.5×10^{-20}
β-NiS	1.0×10^{-24}	β-CoS	1.3×10^{-24}
γ-NiS	2.0×10^{-26}	α-ZnS	1.6×10^{-24}
MnS（無定形）	2.5×10^{-10}	β-ZnS	2.5×10^{-22}
MnS（結晶）	2.5×10^{-13}	FeS	5.0×10^{-18}

[a] 金属硫化物には結晶構造の異なるもの（多形）が存在する場合がある．たとえば，NiS の場合 α 型は無定形固体であり，β 型は六方晶系結晶，γ 型は三方晶系結晶である．これらは互いに化学的性質が若干異なる．

式(6.3)，式(6.4)の反応で生じた MnS と ZnS は希塩酸に溶ける．これは，塩酸酸性溶液中では MnS，ZnS の解離によって生じる S^{2-} が H^+ と反応して H_2S となるため，次の平衡が右に移行するためである〔式(6.5)，式(6.6)〕．

$$\text{MnS} \rightleftarrows \text{Mn}^{2+} + \text{S}^{2-} \tag{6.5}$$
$$\text{ZnS} \rightleftarrows \text{Zn}^{2+} + \text{S}^{2-} \tag{6.6}$$

この溶液を煮沸して H_2S を追い出した後，NaOH 水溶液を過剰に加えると，Mn^{2+} は水酸化物となって沈殿し〔式(6.7)〕，Zn^{2+} は最初に水酸化物を生じるが，過剰の NaOH によってテトラヒドロキシド亜鉛(II)酸イオン $[Zn(OH)_4]^{2-}$ となって溶ける〔式(6.8)〕．$[Zn(OH)_4]^{2-}$ は，溶液を弱酸性にすると再び Zn^{2+} を遊離する．

$$\text{Mn}^{2+} + 2\text{OH}^- \longrightarrow \text{Mn(OH)}_2 \downarrow \tag{6.7}$$

$$\left. \begin{array}{l} \text{Zn}^{2+} + 2\text{OH}^- \longrightarrow \text{Zn(OH)}_2 \downarrow \\ \text{Zn(OH)}_2 + 2\text{OH}^- \longrightarrow [\text{Zn(OH)}_4]^{2-} \end{array} \right\} \tag{6.8}$$

溶解平衡と溶解度積

難溶性塩 MA の飽和溶液中において，次の溶解平衡が成立する．

$$\text{MA（固体）} \rightleftarrows \text{M}^+ + \text{A}^-$$

この平衡を右に移動させるためには，M^+ または A^- のいずれかの濃度を減少させて両イオンの濃度の積が溶解度積以下とすればよい．逆にこの平衡を左に移動させるためには，M^+ または A^- のいずれかを加えて両イオンの濃度の積が溶解度積以上とすればよい．

一方，式(6.1)，式(6.2)で生じた NiS と CoS は希塩酸に溶けない．そこで，塩素酸カリウム $KClO_3$ の強力な酸化力により，S^{2-} を SO_2 に酸化することによって，これらの硫化物を溶かす〔式(6.9)〕．これにより，NiS と CoS から Ni^{2+} と Co^{2+} がそれぞれ遊離する．

$$S^{2-} + 2HCl + KClO_3 \longrightarrow K^+ + 3Cl^- + SO_2\uparrow + H_2O \qquad (6.9)$$

Ni^{2+} の確認

Ni^{2+} は弱塩基性条件でジメチルグリオキシムと反応して，赤色の沈殿物を与える〔式(6.10)〕．この沈殿は，Ni^{2+} の平面型 4 配位錯体である．なお，Co^{2+} はジメチルグリオキシムと黄色ないし黄褐色の可溶性錯体を形成し，沈殿は生じない．

$$2 \begin{array}{c} H_3C-NOH \\ H_3C-NOH \end{array} + Ni^{2+} + 2NH_3 \longrightarrow [\text{Ni ジメチルグリオキシム錯体}] + 2NH_4^+ \qquad (6.10)$$

ジメチルグリオキシム

Co^{2+} の確認

Co^{2+} は H_2O_2 によって酸化されて Co^{3+} となる．Co^{3+} は炭酸水素ナトリウムと反応して青緑色の錯イオンを生じる〔式(6.11)〕．

$$2Co^{2+} + H_2O_2 + 12HCO_3^- \longrightarrow 2[Co(HCO_3)_6]^{3-} + 2OH^- \qquad (6.11)$$

Mn^{2+} の確認

Mn^{2+} は過ヨウ素酸カリウム KIO_4 とともに穏やかに加温すると MnO_4^- の赤紫色を示す〔式(6.12)〕．

$$2Mn^{2+} + 5IO_4^- + 3H_2O \longrightarrow 2MnO_4^- + 5IO_3^- + 6H^+ \qquad (6.12)$$

Zn^{2+} の確認

Zn^{2+} は $(NH_4)_2S$ 溶液を加えると，白色の硫化亜鉛 ZnS を生じる〔式(6.4)〕．白色の硫化物を生じる第 4 属陽イオンは Zn^{2+} のみである．

実験操作

Ni^{2+}，Co^{2+}，Mn^{2+}，Zn^{2+} を含む試料溶液 10 mL を 100 mL ビーカーに量りとり，図 6.1 に示すフローチャートに従って実験をおこなう．

実験をおこないながら，実際に加えた試薬の量，色の変化などの観察結果を細かく実験ノートに記録する．予想と異なる実験結果が得られた場合には，その結果を詳しく記録し，なぜそのような結果になったのかを考えて，実験ノートに書きとめておく．

32　第1部　無機定性実験

```
Ni²⁺, Co²⁺, Mn²⁺, Zn²⁺ 10 mL
```

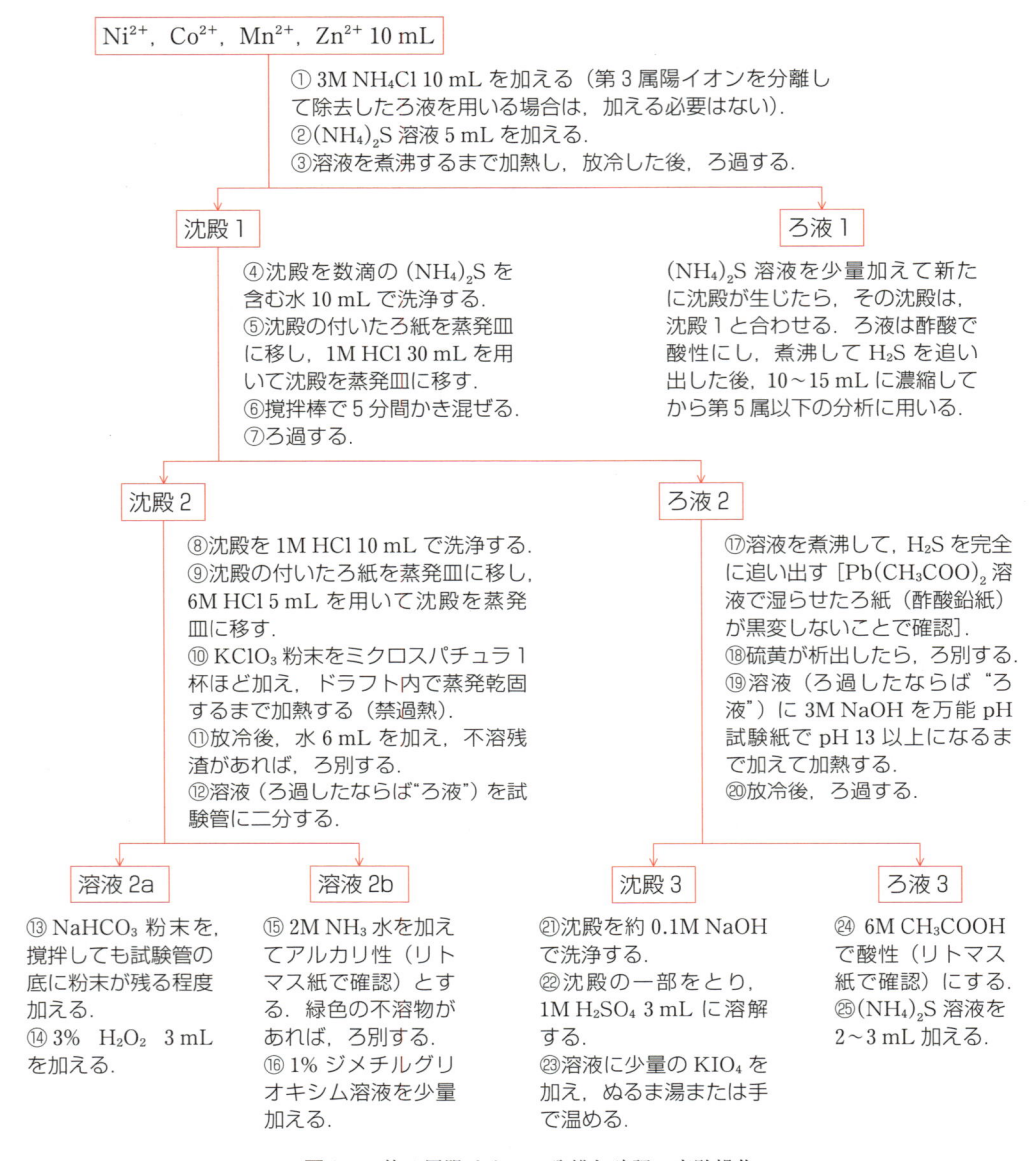

① 3M NH₄Cl 10 mL を加える（第3属陽イオンを分離して除去したろ液を用いる場合は，加える必要はない）．
② (NH₄)₂S 溶液 5 mL を加える．
③ 溶液を煮沸するまで加熱し，放冷した後，ろ過する．

沈殿1

④ 沈殿を数滴の (NH₄)₂S を含む水 10 mL で洗浄する．
⑤ 沈殿の付いたろ紙を蒸発皿に移し，1M HCl 30 mL を用いて沈殿を蒸発皿に移す．
⑥ 撹拌棒で5分間かき混ぜる．
⑦ ろ過する．

ろ液1

(NH₄)₂S 溶液を少量加えて新たに沈殿が生じたら，その沈殿は，沈殿1と合わせる．ろ液は酢酸で酸性にし，煮沸して H₂S を追い出した後，10～15 mL に濃縮してから第5属以下の分析に用いる．

沈殿2

⑧ 沈殿を 1M HCl 10 mL で洗浄する．
⑨ 沈殿の付いたろ紙を蒸発皿に移し，6M HCl 5 mL を用いて沈殿を蒸発皿に移す．
⑩ KClO₃ 粉末をミクロスパチュラ1杯ほど加え，ドラフト内で蒸発乾固するまで加熱する（禁過熱）．
⑪ 放冷後，水 6 mL を加え，不溶残渣があれば，ろ別する．
⑫ 溶液（ろ過したならば"ろ液"）を試験管に二分する．

ろ液2

⑰ 溶液を煮沸して，H₂S を完全に追い出す [Pb(CH₃COO)₂ 溶液で湿らせたろ紙（酢酸鉛紙）が黒変しないことで確認]．
⑱ 硫黄が析出したら，ろ別する．
⑲ 溶液（ろ過したならば"ろ液"）に 3M NaOH を万能 pH 試験紙で pH 13 以上になるまで加えて加熱する．
⑳ 放冷後，ろ過する．

溶液2a

⑬ NaHCO₃ 粉末を，撹拌しても試験管の底に粉末が残る程度加える．
⑭ 3% H₂O₂ 3 mL を加える．

溶液2b

⑮ 2M NH₃ 水を加えてアルカリ性（リトマス紙で確認）とする．緑色の不溶物があれば，ろ別する．
⑯ 1% ジメチルグリオキシム溶液を少量加える．

沈殿3

㉑ 沈殿を約 0.1M NaOH で洗浄する．
㉒ 沈殿の一部をとり，1M H₂SO₄ 3 mL に溶解する．
㉓ 溶液に少量の KIO₄ を加え，ぬるま湯または手で温める．

ろ液3

㉔ 6M CH₃COOH で酸性（リトマス紙で確認）にする．
㉕ (NH₄)₂S 溶液を 2～3 mL 加える．

図6.1　第4属陽イオンの分離と確認の実験操作

沈殿1：NiS，CoS，MnS，ZnS，沈殿2：NiS，CoS，沈殿3：Mn(OH)₂，ろ液1：金属イオンは含まれていない．
ろ液2：Mn²⁺，Zn²⁺，ろ液3：[Zn(OH)₄]²⁻

課　題

1. Mn^{2+} を含む水溶液に KIO₄ を加えて温めると MnO_4^- の赤紫色を示す．この反応では Mn 原子と I 原子の酸化数はどのように変化するか説明しなさい．

2. 遷移金属元素の錯体または錯イオンは鮮やかな色を有するものが多い．色が生ずる原因を，電子と関連付けて説明しなさい．

3. NiS と KClO₃，CoS と KClO₃ の反応の反応式をそれぞれ書きなさい．

実験 7. 未知試料中の陽イオンの同定(1)

目 的
　第1属，第3属，第4属の陽イオンのうち2〜6種類の陽イオンを含む未知試料溶液について，この溶液に含まれる陽イオンを分属試薬と確認試薬を用いて推定する．

原 理
　金属陽イオンは，特定の試薬に対して沈殿を生成するなどの特有の性質を示す．この性質を利用して，未知試料溶液中に含まれる各陽イオンを分離・確認することができる．用いる試薬は「陽イオンを沈殿させる試薬」と「陽イオンから生じた沈殿を溶解させる試薬」とに大別される．

　未知試料溶液に対して，第1属の分属試薬を加えると第1属陽イオンを塩化物として分離することができる．沈殿を取り除いたろ液に第3属の分属試薬を加えると，第3属陽イオンと第4属陽イオンとを分離することができる．分離された各属陽イオンは実験1，5，6でおこなった操作によって確認することができる．

実験操作
　与えられた未知試料溶液 10 mL に対して，実験1，5，6での操作を順次おこなって，未知試料溶液中の陽イオンを確認する．あらかじめ手順をフローチャートにして実験ノートに作成しておき，実験しながら結果を記録する．

　沈殿生成の有無，沈殿の色，溶液の色などから，実験の途中段階でも含まれる陽イオン，あるいは含まれていない陽イオンを推定できる場合もあるので，短時間で効率的に陽イオンを推定できるように工夫してほしい．

課 題
1. Ag^+，Al^{3+}，Zn^{2+}，Fe^{3+} を含む水溶液から，各イオンを次図のように分離した．各問いに答えなさい．
   (1) 沈殿 A，C の化学式を書きなさい．
   (2) ろ液 B，D に含まれる金属イオンは何か．化学式で答えなさい．
   (3) 操作 E で，NH_4Cl を添加するのはなぜか．

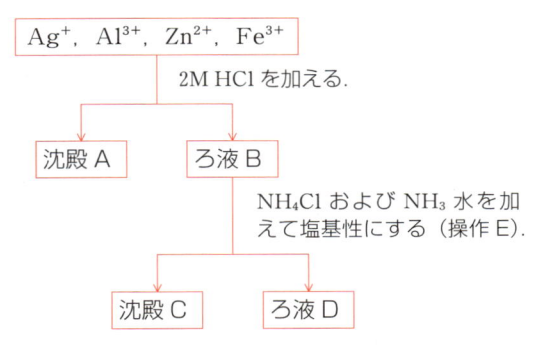

```
        Ag⁺, Al³⁺, Zn²⁺, Fe³⁺
                │
                │ 2M HCl を加える．
          ┌─────┴─────┐
        沈殿 A      ろ液 B
                      │
                      │ NH₄Cl および NH₃ 水を加
                      │ えて塩基性にする（操作 E）．
                ┌─────┴─────┐
              沈殿 C      ろ液 D
```

実験 8. 第 5 属陽イオンの分離と確認

目 的

試料溶液中に含まれる第 5 属陽イオン（カルシウムイオン Ca^{2+}, ストロンチウムイオン Sr^{2+}, バリウムイオン Ba^{2+}）を第 5 属の分属試薬である炭酸アンモニウムを用いて分離する. 次いで, 分離された第 5 属陽イオンをそれぞれの陽イオンに特有な反応によって確認する.

原 理

カルシウムイオン Ca^{2+}, ストロンチウムイオン Sr^{2+}, バリウムイオン Ba^{2+} はいずれも無色のイオンである. これらの陽イオンは第 5 属の分属試薬である炭酸アンモニウム $(NH_4)_2CO_3$ 水溶液を加えると, いずれも炭酸塩となって沈殿する〔式(8.1)～式(8.3)〕. 一方, 第 6 属の陽イオンは炭酸アンモニウムを加えても沈殿を生じない.

$$Ca^{2+} + CO_3^{2-} \longrightarrow CaCO_3\downarrow \text{（白色沈殿）} \tag{8.1}$$

$$Sr^{2+} + CO_3^{2-} \longrightarrow SrCO_3\downarrow \text{（白色沈殿）} \tag{8.2}$$

$$Ba^{2+} + CO_3^{2-} \longrightarrow BaCO_3\downarrow \text{（白色沈殿）} \tag{8.3}$$

表 8.1 第 5 属陽イオンの炭酸塩の溶解度積（18～25℃）

炭酸塩	溶解度積 K_{sp}
$CaCO_3$	2.5×10^{-8}
$SrCO_3$	6.3×10^{-9}
$BaCO_3$	3.2×10^{-8}

H_2CO_3 は弱酸なので, 第 5 属陽イオンの炭酸塩を沈殿させるためには溶液を弱塩基性にして, $[CO_3^{2-}]$ を大きくする必要がある. また, 第 5 属陽イオンを炭酸塩として沈殿させる際には, 塩化アンモニウム NH_4Cl を加えておくことも必要である. これは, 第 6 属の Mg^{2+} が $MgCO_3$ として沈殿するためである. NH_4Cl が共存すると, 次のような反応によって $MgCO_3$ が分解される〔式(8.4)〕.

$$MgCO_3 + 2NH_4^+ \longrightarrow Mg^{2+} + 2NH_3\uparrow + H_2O + CO_2\uparrow \tag{8.4}$$

$(NH_4)_2CO_3$ は加熱によって分解するので〔式(8.5)〕, $(NH_4)_2CO_3$ を加えた溶液は長く加熱し続けると沈殿が不完全になる.

$$(NH_4)_2CO_3 \longrightarrow 2NH_3\uparrow + H_2O + CO_2\uparrow \tag{8.5}$$

式(8.1)～式(8.3)で生じた炭酸塩は強酸はもちろんのこと, 酢酸にも溶ける〔式(8.6)〕.

$$MCO_3 + 2CH_3COOH \longrightarrow M^{2+} + CO_2\uparrow + 2CH_3COO^- + H_2O \qquad (8.6)$$

遊離した Ca^{2+}, Sr^{2+}, Ba^{2+} の各イオンは，クロム酸塩にして溶解度の差を利用して分離することができる．表8.2に第5属陽イオンのクロム酸塩の溶解度積を示す．これより，クロム酸カルシウム $CaCrO_4$ とクロム酸ストロンチウム $SrCrO_4$ は，クロム酸バリウム $BaCrO_4$ に比べて水に溶けやすいことがわかる．したがって，クロム酸カリウム K_2CrO_4 水溶液を加えると，$BaCrO_4$ のみが沈殿する〔式(8.7)〕．このとき CrO_4^{2-} の量が過剰になると $SrCrO_4$ も沈殿することがあるので，$CH_3COOH-CH_3COONH_4$ 緩衝溶液を用いてpHを5付近に調節する．

$$Ba^{2+} + CrO_4^{2-} \longrightarrow BaCrO_4\downarrow \text{（黄色沈殿）} \qquad (8.7)$$

表8.2 第5属陽イオンのクロム酸塩の溶解度積(25℃)

クロム酸塩	溶解度積 K_{sp}
$CaCrO_4$	2.3×10^{-2}
$SrCrO_4$	3.0×10^{-5}
$BaCrO_4$	1.6×10^{-10}

Ba^{2+} を沈殿させて取り除いた溶液に同量のエタノール C_2H_5OH を加えると，溶解度が小さい $SrCrO_4$ が沈殿する〔式(8.8)〕．これは，エタノールを加えると溶媒の極性が低下してイオン化合物の溶解度が小さくなるためである．

$$Sr^{2+} + CrO_4^{2-} \longrightarrow SrCrO_4\downarrow \text{（黄色沈殿）} \qquad (8.8)$$

このようにして分離された第5属陽イオンは次の操作によって確認することができる．

Ba^{2+} の確認

式(8.7)の反応によって生じた $BaCrO_4$ は，炎色反応において黄緑色の炎色を示す．

Sr^{2+} の確認

式(8.8)の反応によって生じた $SrCrO_4$ は，炎色反応において深赤色の炎色を示す．

Ca^{2+} の確認

Ca^{2+} はシュウ酸アンモニウム $(NH_4)_2C_2O_4$ 水溶液を加えると，シュウ酸カルシウム CaC_2O_4 の白色沈殿を生じる〔式(8.9)〕．

$$Ca^{2+} + C_2O_4^{2-} \longrightarrow CaC_2O_4 \qquad (8.9)$$

生じた CaC_2O_4 をろ過して集め，炎色反応をおこなうと橙赤色の炎色が現れる．

2M CH₃COOH 6 mL と 3M CH₃COONH₄ 10 mL の混合溶液の pH

酢酸 CH₃COOH と酢酸アンモニウム CH₃COONH₄ の電離は，それぞれ次式のように表される．

$$\mathrm{CH_3COOH} \rightleftharpoons \mathrm{CH_3COO^-} + \mathrm{H^+} \qquad (a)$$

$$\mathrm{CH_3COONH_4} \longrightarrow \mathrm{CH_3COO^-} + \mathrm{NH_4^+} \qquad (b)$$

酢酸の電離はわずかであり，式(a)の解離平衡が成立している．一方，酢酸アンモニウムは式(b)のように完全に電離している．

いま，酢酸と酢酸アンモニウムの混合溶液を考える．この混合溶液において，酢酸の酸解離定数 K_a は，酸のモル濃度 c_A [mol/L]，塩のモル濃度 c_S [mol/L] を用いて，次のように近似できる．

$$K_a = \frac{[\mathrm{CH_3COO^-}][\mathrm{H^+}]}{[\mathrm{CH_3COOH}]} \fallingdotseq \frac{c_S \cdot [\mathrm{H^+}]}{c_A} \qquad (c)$$

したがって，

$$[\mathrm{H^+}] = K_a \cdot \frac{c_A}{c_S} \qquad (d)$$

$$\mathrm{pH} = -\log[\mathrm{H^+}] = -\log K_a - \log\left(\frac{c_A}{c_S}\right) = \mathrm{p}K_a + \log\left(\frac{c_S}{c_A}\right) \qquad (e)$$

となる．酢酸の K_a は 2.63×10^{-5}，$\frac{c_S}{c_A}$ は1つの溶液中では物質量の比と等しいので，式(e)より，

$$\mathrm{pH} = -\log(2.63 \times 10^{-5}) + \log\frac{3 \times 10 \times 10^{-3}}{2 \times 6 \times 10^{-3}} = 4.58 + 0.40 \fallingdotseq 5$$

となる．

炎色反応

比較的揮発しやすい固体の金属化合物を酸化炎中に入れると，成分の金属元素に特有の色が現れる．これは，炎中で化合物が分解して金属原子になり，炎の熱エネルギーによって励起された価電子が元の軌道に戻るときに光を放つためである．表8.3に炎色とスペクトル線の波長を示す．

表8.3　金属元素の炎色とスペクトル線の波長

元素	炎色	スペクトル線の波長 (nm)
Li	鮮紅	678，610
Na	黄	589，590（鋭敏）
K	淡紫	404，405，770（持続性なし，コバルトガラスを通すと赤紫）
Rb	紅紫	420，630，780
Cs	紅紫	456（K に似た色）
Ca	橙赤	423，559，620
Ba	黄緑	493，554（炎中でしばらく熱すること）
Sr	深赤	408，461，688（閃光的だがさらに熱すると再び現れる）
Cu	緑	522，511，515

実験 8. 第 5 属陽イオンの分離と確認

Ca^{2+}, Sr^{2+}, Ba^{2+} 10 mL

① 3M NH_4Cl 10 mL を加える（第 4 属陽イオンを分離して除去したろ液を用いる場合は，加える必要はない）．
② アルカリ性（リトマス紙で確認）になるまで，6M NH_3 水を加える．
③ 煮沸後，温かいうちに 3M $(NH_4)_2CO_3$ を沈殿が新たに生じなくなるまで加え，よくかき混ぜる．
④ 放冷後，ろ過する．

沈殿 1
⑤ 沈殿を少量の水で洗い，洗液は捨てる．
⑥ 温 2M CH_3COOH 10 mL をろ紙の上から繰り返し注いで，沈殿を溶かす．
⑦ ドラフト内で蒸発乾固する．
⑧ 蒸発残渣に 2M CH_3COOH 6 mL と 3M CH_3COONH_4 10 mL を加え，加熱して溶解する．
⑨ 1.5M K_2CrO_4 2 mL を加える．
⑩ 煮沸して放冷後，ろ過する．

ろ液 1
NH_3 水と $(NH_4)_2CO_3$ 溶液を少量加えて加熱しても沈殿が生じないことを確かめ，加熱濃縮して 10 mL としてから第 6 属の分析に用いる．

沈殿 2
⑪ 沈殿を水で洗浄する．
⑫ 炎色反応をおこなう．

ろ液 2
⑬ 6M NH_3 水を加えて，アルカリ性（リトマス紙で確認）とする．
⑭ この溶液 10 mL をビーカーにとる．
⑮ 湯浴中で 60°C くらいに温めて，少しずつ振りながら同量のエタノールを加えて撹拌する．
⑯ 冷却・放置した後，ろ過する．

沈殿 3
⑰ 炎色反応をおこなう．

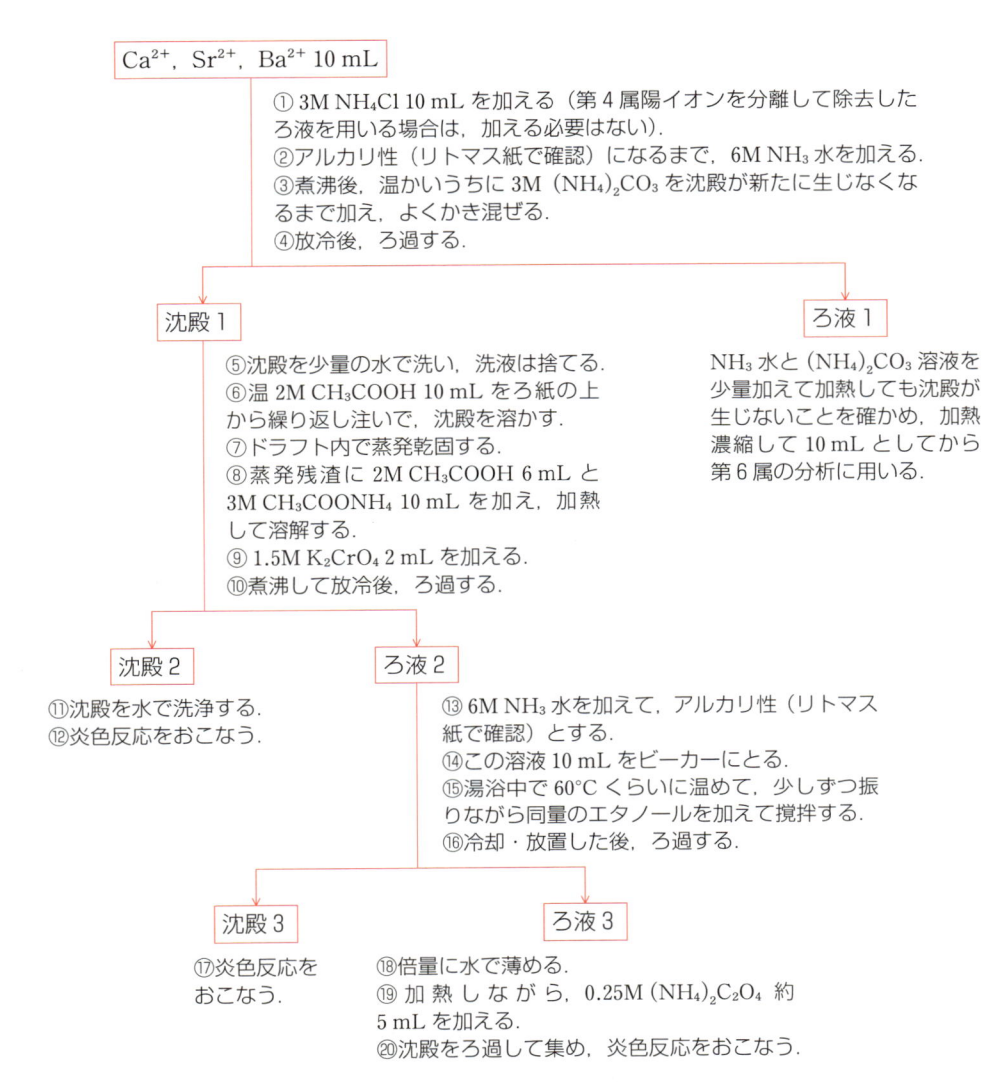

ろ液 3
⑱ 倍量に水で薄める．
⑲ 加熱しながら，0.25M $(NH_4)_2C_2O_4$ 約 5 mL を加える．
⑳ 沈殿をろ過して集め，炎色反応をおこなう．

図 8.1　第 5 属陽イオンの分離と確認の実験操作

沈殿 1：$\underline{CaCO_3}$, $\underline{SrCO_3}$, $\underline{BaCO_3}$，沈殿 2：$\underline{BaCrO_4}$，沈殿 3：$\underline{SrCrO_4}$，ろ液 1：金属イオンは含まれていない．ろ液 2：$\underline{Ca^{2+}}$, $\underline{Sr^{2+}}$，ろ液 3：$\underline{Ca^{2+}}$

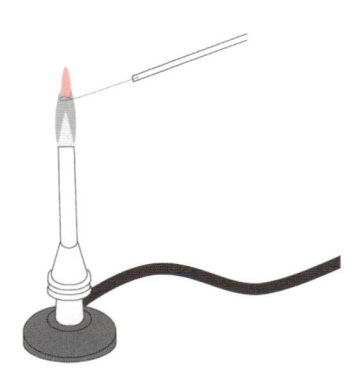

図 8.2　炎色の確認

実験操作

Ca^{2+}, Sr^{2+}, Ba^{2+} を含んだ試料溶液 10 mL を 100 mL ビーカーに量りとり,図 8.1 に示すフローチャートに従って実験をおこなう.

実験をおこないながら,実際に加えた試薬の量,色の変化などの観察結果を細かく実験ノートに記録する.予想と異なる実験結果が得られた場合には,その結果を詳しく記録し,なぜそのような結果になったのかを考えて,実験ノートに書きとめておく.

【炎色反応の手順】
1. きれいな試験管に濃塩酸 1 mL をとる.
2. 白金線を,クレンザーを用いてきれいに洗浄する.
3. 白金線の先端を小さな環状にし,これに濃塩酸をつけ,バーナーの酸化炎(外炎)の中で加熱する.
4. 白金線の汚れによる炎色が見えなくなるまで,手順 3 を繰り返す.
5. 白金線の先端を濃塩酸につけ,これをろ紙上沈殿(固体試料)に軽くこすり付けてから,バーナーの酸化炎中で加熱する(図 8.2).
6. 手順 5 を何度か繰り返して,炎色を確認する.
7. 1 つの沈殿物の確認が終了したら,手順 3〜6 を別の沈殿物についてもおこなう.
8. すべての沈殿物の確認が終了したら,手順 2 をおこなって白金線の汚れを落としておく.

課題
1. 炎色反応をおこなうとき,沈殿物を濃塩酸で湿らせるのはどのような理由か.
2. 白金の化学的性質を説明しなさい.

実験 9. 第 6 属陽イオンの確認

目 的

試料溶液中に含まれる第 6 属陽イオン(マグネシウムイオン Mg^{2+},ナトリウムイオン Na$^+$,カリウムイオン K$^+$,アンモニウムイオン NH$_4^+$)をそれぞれの陽イオンに特有な反応によって確認する.

原 理

マグネシウムイオン Mg^{2+},ナトリウムイオン Na$^+$,カリウムイオン K$^+$,アンモニウムイオン NH$_4^+$ はいずれも無色のイオンである.これらの陽イオンは,第 1 属〜第 5 属までの分離操作で沈殿しない.しかし,次の操作によって確認することができる.

NH_4^+ の検出

試料溶液に NaOH 水溶液を加えて熱すると，NH_4^+ はアンモニア NH_3 となって気化する〔式(9.1)〕．

$$NH_4^+ + OH^- \longrightarrow NH_3\uparrow + H_2O \qquad (9.1)$$

発生した NH_3 を湿った試験管を用いて水溶液として捕集する．この水溶液にネスラー試薬を加えると，赤褐色の沈殿を生じる〔式(9.2)〕．NH_4^+ の検出は第1属〜第5属の陽イオンの分離操作前におこなう必要がある．

$$NH_4^+ + 2HgI_4^{2-} + 4OH^- \longrightarrow I-Hg-O-Hg-NH_2 + 7I^- + 3H_2O \qquad (9.2)$$

ネスラー試薬

ネスラー試薬は，微量のアンモニアを検出するために用いられる試薬である．ヨウ化水銀(II)水溶液とヨウ化カリウム水溶液との混合物であり，淡黄色の溶液である．アンモニアを含む試料溶液にネスラー試薬を滴下して振り混ぜると，褐色の沈殿 $I-Hg-O-Hg-NH_2$ を生じる．

Mg^{2+} の検出

第1属〜第5属の陽イオンを分離して取り除いた溶液に NH_3 水とリン酸水素二ナトリウム Na_2HPO_4 水溶液を加えてかき混ぜると，リン酸アンモニウムマグネシウム $MgNH_4PO_4$ の白色沈殿を生じる〔式(9.3)〕．

$$Mg^{2+} + NH_4^+ + PO_4^{3-} \longrightarrow MgNH_4PO_4\downarrow \qquad (9.3)$$

生じた $MgNH_4PO_4$ の沈殿は多量の水には加水分解して溶ける〔式(9.4)〕ので，溶液の量をなるべく増やさないようにする必要がある．

$$MgNH_4PO_4 + H_2O \rightleftharpoons Mg^{2+} + HPO_4^{2-} + NH_4^+ + OH^- \qquad (9.4)$$

また，Mg^{2+} が少ないときには，反応溶液を長く放置するか，容器の内壁をガラス棒でこすり，沈殿の生成を促進させることも必要である．

Na^+ と K^+ の確認

Na の炎色は黄色で強度が大きい．K の炎色は単独の場合は淡紫色であるが，Na と共存しているときには，Na の黄色の炎色に消されて不明瞭である．この場合，コバルトガラスを通して観察すると，Na による炎色は消されて，K の炎色のみが赤紫色として見える．K の炎色は Na のような持続性はなく，短時間で消失する．

実験操作

Mg^{2+}, Na^+, K^+, NH_4^+ を含んだ試料溶液 10 mL を 100 mL ビーカーに量りとり，次の順に

従って実験をおこなう．

(1) NH_4^+ の検出

　量りとった試料溶液 10 mL から約 1 mL を試験管に分けとり，分けとった原試料に 3M NaOH を加えて塩基性（リトマス紙で確認）にする．この溶液を煮沸する直前まで熱して，発生したガスを水で湿らせた別の試験管に導いて溶解する（図 9.1）．ガスを捕集した試験管に少量の水を加えて均一な水溶液とする．この溶液に，ネスラー試薬を 1～2 滴加える．NH_3 ガスの発生は，臭気，あるいはリトマス紙の色の変化でも検出できる．

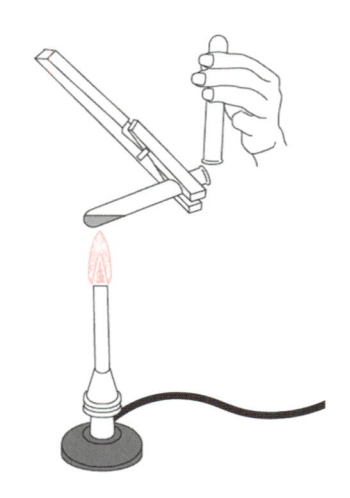

図 9.1 NH_3 ガスの捕集

<u>注　意</u>

　NH_3 ガスを発生させる際に溶液が突沸することがあるので，加熱は試験管をよく振りながら徐々におこなうこと．ネスラー試薬を加えたら，結果をその場で観察し，溶液は水銀廃液の回収容器に捨てること．

(2) Na^+，K^+，Mg^{2+} の検出

　残りの試料溶液を用いて，図 9.2 に示すフローチャートに従って実験をおこなう．

　実験をおこないながら，実際に加えた試薬の量，色の変化などの観察結果を細かく実験ノートに記録する．予想と異なる実験結果が得られた場合には，その結果を詳しく記録し，なぜそのような結果になったのかを考えて，実験ノートに書きとめておく．

<u>注　意</u>

　炎色反応の詳しい手順は，実験 8（第 5 属陽イオンの分離と確認）の実験操作を参照のこと．

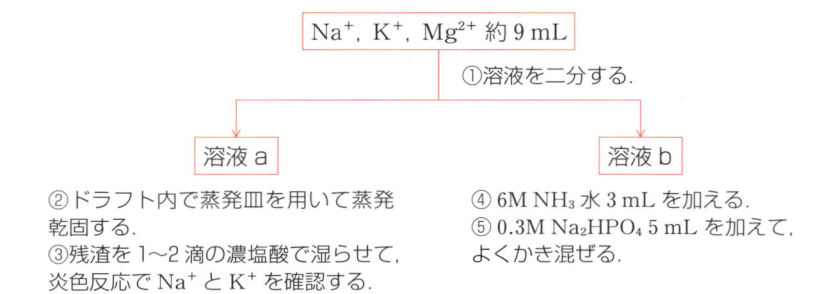

```
        Na⁺, K⁺, Mg²⁺ 約 9 mL
              │ ①溶液を二分する．
       ┌──────┴──────┐
    溶液 a          溶液 b
```

②ドラフト内で蒸発皿を用いて蒸発乾固する．
③残渣を1～2滴の濃塩酸で湿らせて，炎色反応で Na^+ と K^+ を確認する．

④ 6M NH_3 水 3 mL を加える．
⑤ 0.3M Na_2HPO_4 5 mL を加えて，よくかき混ぜる．

図 9.2 NH_4^+ を除く第 6 属陽イオンの確認の実験操作

課 題

1. Mg^{2+} の確認に炎色反応が用いられない理由を述べなさい．
2. 炎色反応の原理を説明しなさい．
3. NH_4^+ の検出を一番初めにおこなう理由を述べなさい．

実験 10. 未知試料中の陽イオンの同定(2)

目 的

　本実験では，無機定性分析実験の総まとめとして，第2属陽イオンを除く第1属～第6属の陽イオンのうちいくつかのイオンを含む未知試料溶液について，その溶液中に含まれる陽イオンを推定する．

原 理

　試料溶液中に含まれる陽イオンを確認することは，実社会においてもしばしば必要である．たとえば，工場の廃水などに有害な重金属が含まれているかどうかを知りたい場合や海水中や温泉水中の成分分析をおこなう場合などである．その目的の達成のために，実際には様々な手法が用いられている．ここでは実験1～9でおこなった陽イオンの系統分析の手法を用いて，未知試料の定性分析をおこなう．

　まず，第6属の NH_4^+ について分析する．これは，分属操作の進行中に NH_4Cl を添加することがあるからである．

　次に，第1属の分属をおこない，続いて第3属，第4属，第5属を分属する．数多くの陽イオンを系統的に分離・確認する際の基本となるのは，沈殿の生成と溶解の操作である．ある特定の試薬に対して沈殿するもの・沈殿しないもの，あるいは沈殿が溶けるもの・溶けないものというように，沈殿の生成と溶解の操作を繰り返すことによって，各イオンは溶液または沈殿物として分離される．このような分離操作においては，(1)溶解度の差，(2)錯イオン生成の有無，(3)酸化剤あるいは還元剤に対する反応性の差，などが利用される．

実験操作

与えられた未知試料溶液 10 mL に対して，実験 1，5，6，8，9 でおこなった操作を参考にして，未知試料溶液中の陽イオンを確認する．あらかじめ手順をフローチャートにして実験ノートに作成しておき，実験しながら結果を記録する．

沈殿生成の有無，沈殿の色，溶液の色などから，実験の途中段階でも含まれる陽イオン，あるいは含まれていない陽イオンを推定できる場合もあるので，短時間で効率的に陽イオンを推定できるように工夫してほしい．

課 題

1. Ag^+，Zn^{2+}，Fe^{3+}，Ca^{2+}，K^+ を含む水溶液から，各イオンを次の図のように分離した．各問いに答えなさい．
   (1) 沈殿 A，沈殿 B，および沈殿 D の化学式を書きなさい．
   (2) 沈殿 C の色を答えなさい．
   (3) 操作 E で NH_3 水を加えるのはなぜか．説明しなさい．
   (4) ろ液 D に含まれる金属イオンは何色の炎色を示すか．

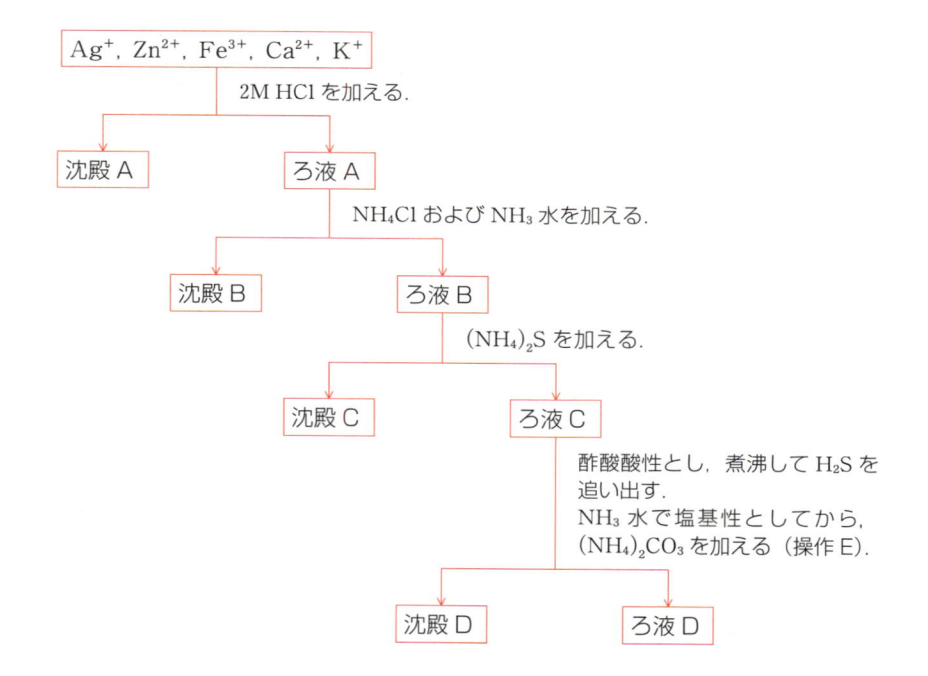

```
         Ag⁺, Zn²⁺, Fe³⁺, Ca²⁺, K⁺
                    │ 2M HCl を加える．
            ┌───────┴───────┐
          沈殿 A           ろ液 A
                            │ NH₄Cl および NH₃ 水を加える．
                    ┌───────┴───────┐
                  沈殿 B           ろ液 B
                                    │ (NH₄)₂S を加える．
                            ┌───────┴───────┐
                          沈殿 C           ろ液 C
                                            │ 酢酸酸性とし，煮沸して H₂S を
                                            │ 追い出す．
                                            │ NH₃ 水で塩基性としてから，
                                            │ (NH₄)₂CO₃ を加える（操作 E）．
                                    ┌───────┴───────┐
                                  沈殿 D           ろ液 D
```

第2部
定量分析実験

　定量分析実験では，ある物質がどれだけ存在するのか，その存在量を決定する．実際に扱う試料は，固体，液体，気体や，その混合物である．ここでは主に固体や液体を扱い，所定の濃度の水溶液を調製する．また，濃度未知の水溶液の濃度を決定し，水溶液に含まれる固体やイオンの物質量や質量を求める．これらの計算には，化学量論を理解すること，具体的には物質量の概念を理解することが必要不可欠である．

　実験をする際には，正確な濃度の溶液を調製したり，溶液の体積を正確に求めたりすることが必要である．このためには固体や溶液を秤量する際に，適切な実験器具を用いなくてはならない．また濃度未知の試料溶液の濃度を決定する際には，どのような化学的な概念を利用するのかを理解することも大切である．

　測定した濃度や体積の値には必ず誤差が含まれているが，用いる実験器具によってその誤差の程度（測定精度）が異なってくる．測定した物理量が，どのくらいの誤差を含むのか，有効数字は何桁なのか，を常に意識しながら実験してほしい．

実験11. 試薬の調製法

目 的
　表11.1，表11.2に示した各種水溶液（試薬番号1〜15）を調製する．

表11.1 原料の試薬が液体物質の試薬

試薬番号	化学式	含量 b [%]	密度 d [g/mL] あるいは比重	調製濃度 [M]
1	HCl	36.0	1.19	2
2	H_2SO_4	97.0	1.84	1
3	HNO_3	61.0	1.38	2
4	CH_3COOH	99.0	1.05	3
5	$NH_3(aq)$	25.0	0.90	2

M＝mol/L

表11.2 原料の試薬が固体物質の試薬

試薬番号	化学式	純度 b [%]	調製濃度 [M]
6	NaOH	96.0	1.5
7	NH_4Cl	99.0	3
8	K_2CrO_4	98.5	0.5
9	$K_4[Fe(CN)_6]\cdot 3H_2O$	99.0	0.25
10	$(NH_4)_2C_2O_4\cdot H_2O$	99.0	0.25
11	$Pb(CH_3COO)_2\cdot 3H_2O$	99.0	0.5
12	CH_3COONH_4	95.0	1.5
13	KSCN	99.0	1
14	$(NH_4)_2SO_4$	99.0	1
15	$Co(NO_3)_2\cdot 6H_2O$	98.0	0.2

M＝mol/L

原 理

　定量分析実験では，濃度がある程度正確に定まった水溶液を用いる．このような水溶液を調製するためには，試薬を正確に秤量または分注し，これと水を混ぜて一定の体積にする必要がある．原料の試薬が液体物質である場合には，メスピペットを用いて分注した一定量の物質を少量の水に加え，これをメスフラスコに移し，水で希釈して定容とする．原料の試薬が固体物質である場合には，電子天秤を用いて試薬を正確に秤量し，これを水に溶かし，メスフラスコで定容とする．

原料の試薬が液体物質の場合

　分注した物質の体積を a [mL]，物質の密度を d [g/mL]，化合物の含量を b [%]，化合物の分子量または式量を m [g/mol]，水溶液の全体積を v [mL]とすると，試薬のモル濃度は次式で表される．

$$\text{モル濃度} = a \times d \times \frac{b}{100} \times \frac{1}{m} \times \frac{1000}{v} \quad [\text{mol/L}] \tag{11.1}$$

原料の試薬が固体物質の場合

　量りとった物質の質量を a [g]，化合物の純度を b [%]，化合物の分子量または式量を m [g/mol]，水溶液の全体積を v [mL]とすると，試薬のモル濃度は次式で表される．

$$\text{モル濃度} = a \times \frac{b}{100} \times \frac{1}{m} \times \frac{1000}{v} \quad [\text{mol/L}] \tag{11.2}$$

試薬濃度の標定とファクター

　定量実験で用いる試薬のモル濃度は，有効数字 3〜4 桁の精度で決定されなければならない．しかし，この実験で調製する各種試薬では，そのモル濃度を調製濃度に厳密に一致させることはできない．したがって，正確なモル濃度の試薬を用いる必要がある場合には，滴定によって試薬のモル濃度をあらかじめ正確に決定する必要がある．このように，水溶液中の試薬のモル濃度を正確に決定する操作を標定という．濃度を標定した後は，試薬の正確なモル濃度を示すために，しばしばファクター（f 値）が用いられる．たとえば，調製した 2M HCl の正確なモル濃度が 2.014 M であった場合，この溶液の f 値は 1.007 となる．すなわち，実際のモル濃度は調製濃度 × f 値となる．標定の原理と方法については，実験 12 と実験 13 で学習する．

実験操作

　以下の操作によって，表 11.1，表 11.2 に示した 15 種類の試薬を調製する．試薬を調製する際の溶液の変化（発熱や吸熱など）や調製した溶液の色について観察する．

原料の試薬が液体物質の場合

　100 mL ビーカーに約 20 mL の水を入れる．安全ピペッターをメスピペットに取り付け，あらかじめ求めておいた一定量の物質をメスピペットを用いて 100 mL ビーカーに分注する．溶液をよく撹拌した後，これを 50 mL メスフラスコに移し，ビーカーの壁面に残った物質も少量の水で 2〜3 回洗って完全にメスフラスコに移す．最後に，溶液を水で希釈して 50 mL 定容とし，メスフラスコをよく振って均一な溶液にする．

注　意

　メスピペットを使うときは，液体物質を吸い上げたときの目盛と液体物質を分注後の目盛の差を読む．吸い上げた物質をすべて加えてはいけない．

原料の試薬が固体物質の場合

　あらかじめ求めておいた一定量の物質を電子天秤を用いて 100 mL ビーカーに秤量する．ビーカーに少量の水を加えて試薬を完全に溶解する．次に，溶液を 50 mL メスフラスコに移し，ビーカーの壁面に残った物質も少量の水で 2〜3 回洗って，完全にメスフラスコに移す．最後に，溶液を水で希釈して 50 mL 定容とし，メスフラスコをよく振って均一な溶液にする．

注　意

　この実験で用いる原料の液体物質は高濃度であり，皮膚につけるとやけどや炎症を引き起こす．保護メガネをつけて操作することはもちろんであるが，手や皮膚に物質がついた場合には，すぐに水で洗い流すこと．また，物質をこぼした場合には濡れた雑巾で直ちに拭きとり，雑巾はもみ出しておく．同様なことは固体物質についてもいえる．薬品を次に使う人への気遣いが大切である．

事前課題

実験を始める前に次の表を完成させ，量りとる物質の量をあらかじめ実験ノートに記入しておくこと．

試薬番号	化学式	物質名	分子量または式量 m [a]	調製濃度[b] [M]	溶液 50 mL を調製するのに必要な体積または質量 a [c]
1	HCl	塩酸	36.461	2	8.51 mL
2	H_2SO_4			1	
3	HNO_3			2	
4	CH_3COOH			3	
5	NH_3(aq)			2	
6	NaOH	水酸化ナトリウム	39.997	1.5	3.12 g
7	NH_4Cl			3	
8	K_2CrO_4			0.5	
9	$K_4[Fe(CN)_6] \cdot 3H_2O$	ヘキサシアニド鉄(II)酸カリウム三水和物		0.25	
10	$(NH_4)_2C_2O_4 \cdot H_2O$			0.25	
11	$Pb(CH_3COO)_2 \cdot 3H_2O$			0.5	
12	CH_3COONH_4			1.5	
13	KSCN			1	
14	$(NH_4)_2SO_4$			1	
15	$Co(NO_3)_2 \cdot 6H_2O$			0.2	

[a] 本書の資料にある原子量表を用いて計算し，小数点以下3桁で求める．
[b] M＝mol/L
[c] 有効数字3桁で求める．

〔計算法の例〕

・2M HCl の場合：式(11.1)を用いて計算する．

$$2 = a \times 1.19 \times \frac{36.0}{100} \times \frac{1}{(1.00794 + 35.453)} \times \frac{1000}{50}$$

よって，$a = 8.51$ [mL]

・1.5M NaOH の場合：式(11.2)を用いて計算する．

$$1.5 = a \times \frac{96.0}{100} \times \frac{1}{(22.98977 + 15.9994 + 1.00794)} \times \frac{1000}{50}$$

よって，$a = 3.12$ [g]

実験 12. 酸化還元滴定（過酸化水素の定量）

目 的

シュウ酸ナトリウム標準溶液を用いて，酸化還元滴定により過マンガン酸カリウム水溶液の濃度を求める．次に，この過マンガン酸カリウム水溶液を用いて市販オキシフル中の過酸化水素の濃度を求める．

原 理

過マンガン酸カリウム $KMnO_4$ 水溶液に含まれる過マンガン酸イオン MnO_4^- は，

$$MnO_4^- + 8H^+ + 5e^- \longrightarrow Mn^{2+} + 4H_2O$$

の反応により，Mn^{2+} に容易に還元される．そのため，$KMnO_4$ は酸性溶液中で強い酸化剤としてはたらく．

一方，シュウ酸ナトリウム $Na_2C_2O_4$ 水溶液中のシュウ酸イオン $C_2O_4^{2-}$ やオキシフル中の過酸化水素 H_2O_2 は，MnO_4^- に対して還元剤としてはたらき，次式のように反応する．

$$C_2O_4^{2-} \longrightarrow 2CO_2 + 2e^-$$

$$H_2O_2 \longrightarrow O_2 + 2H^+ + 2e^-$$

酸化剤と還元剤が過不足なく反応する際には，

（酸化剤が受け取る電子の物質量）＝（還元剤が放出する電子の物質量）

という関係が成り立つ．したがって，$KMnO_4$ と $Na_2C_2O_4$ との反応は次式のようになる．

$$2KMnO_4 + 5Na_2C_2O_4 + 8H_2SO_4$$
$$\longrightarrow 2MnSO_4 + K_2SO_4 + 5Na_2SO_4 + 10CO_2 + 8H_2O$$

同様に，$KMnO_4$ と H_2O_2 との反応は次式のようになる．

$$2KMnO_4 + 5H_2O_2 + 3H_2SO_4 \longrightarrow 2MnSO_4 + K_2SO_4 + 5O_2 + 8H_2O$$

ある酸化還元反応において，酸化剤 A の溶液（濃度 c mol/L）v mL と還元剤 B の溶液（濃度 c' mol/L）v' mL とが過不足なく反応する場合，酸化剤 A が 1 mol あたり n mol の電子を受け取り，還元剤 B が 1 mol あたり n' mol の電子を放出するとすれば，

$$c \times \frac{v}{1000} \times n = c' \times \frac{v'}{1000} \times n' \tag{12.1}$$

という関係が成り立つ．このことを利用すると，濃度既知の還元剤（または酸化剤）の水溶液を用いて v および v' の値を滴定によって正確に測定することができれば，濃度未知の酸化剤

（または還元剤）の水溶液の濃度 c（または c'）を決定できる．この操作を酸化還元滴定と呼ぶ．

実験操作

(1) 0.05 mol/L Na₂C₂O₄ 標準溶液の調製

特級シュウ酸ナトリウム（$Na_2C_2O_4$：式量 134.00）をスパチュラで約 0.67 g 薬包紙にとり，分析天秤（精密電子天秤）を用いて正確にその質量を量る．質量を記録した後，量りとった $Na_2C_2O_4$ を 100 mL ビーカーに入れて 70〜80 mL の蒸留水を加え，かき混ぜながら溶解させる．すべて溶解したら，100 mL メスフラスコに移し，蒸留水を加えて正確に 100 mL として，よく振り混ぜる．調製した $Na_2C_2O_4$ 標準溶液の濃度を求める．

注 意

メスフラスコを用いて水溶液を調製する際は，固体を入れてはならないので，固体試料は完全に溶解させてからメスフラスコに入れる．希釈する際には，水溶液のメニスカスが標線を超えないようにする．

(2) 0.02 mol/L KMnO₄ 溶液の標定

調製してある濃度約 0.02 mol/L $KMnO_4$ 溶液を，漏斗を用いてビュレットに約 50 mL 入れる．(1)で調製した 0.05 mol/L $Na_2C_2O_4$ 標準溶液 10 mL をホールピペットを用いて，200 mL 三角フラスコに分取する．これに蒸留水約 20 mL を加え，次いで 9 mol/L H_2SO_4 約 5 mL を駒込ピペットで加える（硫酸の添加により発熱するので注意する）．この溶液を 55〜60℃に加温し，温かいうちに 0.02 mol/L $KMnO_4$ 溶液で滴定する．$KMnO_4$ 溶液の滴下を始める前に，ビュレットの目盛を読み記録する．次いで，$KMnO_4$ 溶液をビュレットから滴下して滴定を始める．$KMnO_4$ 溶液を約 1 mL ずつ滴下し，三角フラスコ内の溶液の紫色が消えてから，順次 $KMnO_4$ 溶液を滴下していく．紫色が消えるのが遅くなってきたら，2〜3 滴ずつ $KMnO_4$ 溶液を滴下していく．滴定の終点が近づいたら，$KMnO_4$ 溶液は 1 滴ずつ滴下する．$KMnO_4$ 溶液による微桃色が約 30 秒間消えない点を滴定の終点とし，この時のビュレットの目盛を読みとる．滴定は 3 回おこない，表 12.1 のようにビュレットの読みをノートに記録する．次いで，$KMnO_4$ 溶液の滴下量を求め，式(12.1)から，$KMnO_4$ 溶液の正確なモル濃度を求める．

表 12.1　0.02 mol/L $KMnO_4$ 溶液の標定（1 回目）

ビュレットの目盛 (mL)	滴下量 (mL)	滴下後の溶液の色
0.32	0.00	無色
1.35	1.03	無色
2.28	1.96	無色
3.43	3.11	無色
…	…	…
…	…	…

注 意

- ホールピペットおよびビュレットは，秤量する溶液で 2〜3 回共洗いしてから，実験に用いる．
- ビュレットの目盛は，最小目盛の 1/10 まで読む．最後の桁の数値は目分量で読む．ビュレットから滴下する溶液の体積は，1 滴あたり約 0.02〜0.03 mL である．

滴定操作の誤差

一般的な滴定操作では，50 mL のビュレットを用いた場合，滴下する溶液の体積（滴定値）が ±0.05 mL の誤差の範囲，すなわち，滴定値の最大値と最小値の差が 0.1 mL の幅に収まるように滴定する．有効数字は 4 桁程度になる．

(3) 市販オキシフル中の過酸化水素 H_2O_2 の定量

市販オキシフル 10 mL をホールピペットを用いて 100 mL メスフラスコに採取し，蒸留水で 100 mL に希釈する．この 10 mL をホールピペットで 200 mL 三角フラスコに分取し，蒸留水約 5 mL と 9 mol/L H_2SO_4 約 5 mL を加える．(2) の操作と同様に，標定した $KMnO_4$ 溶液をビュレットから滴下して，滴定を 1 回おこなう．オキシフル溶液は，加熱しなくてよい．滴下した $KMnO_4$ 溶液の体積から希釈したオキシフル溶液中の H_2O_2 のモル濃度を求める．また，希釈前のオキシフル中の H_2O_2 の濃度をモル濃度（mol/L）および質量パーセント濃度（%）で求める．

Column

COD・BOD

COD とは，化学的酸素要求量（Chemical Oxygen Demand の略）である．水中の被酸化性物質（主として有機物）を酸化分解するために必要とされる過マンガン酸カリウムの量から計算した酸素量を表す．BOD とは，生物化学的酸素要求量（Biochemical Oxygen Demand の略）であり，水中の有機物を酸化分解するために微生物が必要とする酸素量を表す．COD，BOD ともに環境水の汚染度の目安になり，その数値が高いほど，水中の有機物が多く含まれている，つまり水質が汚染されていることを示す．

規定度

式 (12.1) において，$N = c \times n$，$N' = c' \times n'$ [mol/L] とすると，式 (12.1) は，

$$N \times v = N' \times v' \tag{12.2}$$

と簡単になる．この N や N' の値を規定度（normality）と呼び，単位は N で表す．1 N（1 規定と呼ぶ）の水溶液 1 L に含まれる物質が授受できる電子の物質量は 1 mol である．実試料の測定・分析においては，物質 1 mol あたりが授受する電子の量（式 (12.1) における n または n'）が不明な場合も多く，その場合には規定度が mol/L の代わりに用いられる．

酸化還元電位

ある金属をその金属イオンを含む溶液中につけると，金属と溶液との間に電子の授受があり，界面に電位差を生じる．一般に酸化還元対 $Ox + ne^- \rightleftharpoons Red$ において，その電位差（電極電位） E は次のネルンストの式で表される．

$$E = E° - \frac{RT}{nF} \ln \frac{a_{Red}}{a_{Ox}} \tag{12.3}$$

ここで a_{Ox}, a_{Red} は酸化体，還元体の活量（モル濃度で代用するのが慣例），R は気体定数，T は絶対温度，n は反応に関与した電子数，F はファラデー定数（96485 C mol^{-1}）である．また，ln は $\log_e$ を表す．$E°$ は，この酸化還元対の標準酸化還元電位（標準電極電位）である．

$E°$ の値を表 12.2 に示した．この表で $E°$ の値が "+" に大きいほど，左辺の物質が電子を受け取りやすい，つまり酸化力が強いことを示す．酸化還元電位が異なる物質を混ぜると，電子を受け取りやすい方が酸化剤，電子を放出しやすい方が還元剤としてはたらく．

$$A + B^{n-} \rightleftharpoons A^{n-} + B \tag{12.4}$$

という酸化還元反応について，標準酸化還元電位を $E°_{全}$ とすると，この電位は次の2つの半反応の標準電極電位の差として表すことができる．

$$\begin{array}{ll} A + ne^- \rightleftharpoons A^{n-} & E°_A \\ B + ne^- \rightleftharpoons B^{n-} & E°_B \\ \hline A + B^{n-} \rightleftharpoons A^{n-} + B & E°_{全} = E°_A - E°_B \end{array} \tag{12.5}$$

表 12.2 標準酸化還元電位（25℃）

電極反応	$E°$ [V]	電極反応	$E°$ [V]
$Li^+ + e^- = Li$	−3.04	$Sn^{4+} + 2e^- = Sn^{2+}$	+0.15
$K^+ + e^- = K$	−2.925	$Hg_2Cl_2 + 2e^- = 2Hg + 2Cl^-$	+0.268
$Na^+ + e^- = Na$	−2.714	$Cu^{2+} + 2e^- = Cu$	+0.337
$Mg^{2+} + 2e^- = Mg$	−2.356	$I_2 + 2e^- = 2I^-$	+0.5355
$Al^{3+} + 3e^- = Al$	−1.676	$O_2 + 2H^+ + 2e^- = H_2O_2$	+0.695
$Zn^{2+} + 2e^- = Zn$	−0.763	$Fe^{3+} + e^- = Fe^{2+}$	+0.771
$2CO_2 + 2H^+ + 2e^- = H_2C_2O_4$	−0.475	$Ag^+ + e^- = Ag$	+0.799
$Fe^{2+} + 2e^- = Fe$	−0.44	$MnO_2(s) + 4H^+ + 2e^- = Mn^{2+} + 2H_2O$	+1.23
$PbSO_4(s) + 2e^- = Pb + SO_4^{2-}$	−0.351	$O_2 + 4H^+ + 4e^- = 2H_2O$	+1.229
$Ni^{2+} + 2e^- = Ni$	−0.257	$Cr_2O_7^{2-} + 14H^+ + 6e^- = 2Cr^{3+} + 7H_2O$	+1.36
$Sn^{2+} + 2e^- = Sn$	−0.138	$PbO_2(s) + 4H^+ + 2e^- = Pb^{2+} + 2H_2O$	+1.468
$Pb^{2+} + 2e^- = Pb$	−0.126	$MnO_4^- + 8H^+ + 5e^- = Mn^{2+} + 4H_2O$	+1.51
$N_2(g) + 6H^+ + 6e^- = 2NH_3(aq)$	−0.092	$H_2O_2 + 2H^+ + 2e^- = 2H_2O$	+1.763
$2H^+ + 2e^- = H_2$	0.0000	$F_2 + 2e^- = 2F^-$	+2.87

平衡状態では $E=0$ なので，式 (12.3) において活量の代わりにモル濃度を用いて式 (12.5) に代入すると，

$$E°_{全}=E°_A-E°_B=\frac{RT}{nF}\ln K$$

$$K=\frac{[A^{n-}][B]}{[A][B^{n-}]}$$

となる．このように，酸化還元反応における標準酸化還元電位 $E°_{全}$ は，その反応の平衡定数と関連付けられる．$E°_{全}>0$ であれば $K>1$ となり，その酸化還元反応は自発的に進行する．

課題

1. $KMnO_4$ 溶液を酸化剤として滴定をおこなう際に，なぜ硫酸酸性にするのか．理由を化学反応式を用いて述べよ．
2. 濃度 0.02 M の $KMnO_4$ 溶液 100 mL を調製するのに，純度 99.3% の $KMnO_4$ は何 g 必要か．

実験 13. 中和滴定（酢酸の定量）

目 的

　塩酸標準溶液を用いて水酸化ナトリウム水溶液の濃度を中和滴定により標定し，次いで，標定された水酸化ナトリウム水溶液を用いて食酢中の酢酸の濃度を中和滴定によって求める．本実験では pH メーターを使用して酸塩基滴定曲線を描き，この滴定曲線より酸塩基滴定の終点（当量点）を求める．

原 理

　酸 (HA) と塩基 (BOH) が作用すると，

$$H^+ + A^- + B^+ + OH^- \longrightarrow H_2O + A^- + B^+$$
$$(HA + BOH \longrightarrow H_2O + BA)$$

なる反応により，水と塩が生ずる．この反応を中和という．水の電離度は著しく小さい ($K_w^{25℃}=[H^+][OH^-]=10^{-14}$) ので，中和反応は水が生成する方向に進行する．そのため，中和反応は酸や塩基の強弱にかかわらず化学量論的に成立する．

　中和反応の実質的な反応は，

$$H^+ + OH^- \longrightarrow H_2O$$

である．したがって，中和反応において酸と塩基が過不足なく反応する際には，

(酸から生成する H^+ の物質量) ＝ (塩基から生成する OH^- の物質量)

という関係が成り立つ．酸の溶液（濃度 c mol/L）v mL と塩基の溶液（濃度 c' mol/L）v' mL とが過不足なく反応する中和反応の場合，酸が 1 mol あたり n mol の H^+ を生成し，塩基が 1 mol あたり n' mol の OH^- を生成するとすれば，

$$c \times \frac{v}{1000} \times n = c' \times \frac{v'}{1000} \times n' \tag{13.1}$$

という関係が成り立つ．このことを利用して，未知の酸または塩基の水溶液の濃度を決定することができる．これを中和滴定と呼ぶ．

中和反応（$H^+ + OH^- \longrightarrow H_2O$）の反応の終点においては，溶液の水素イオン濃度は急激に変化することが多い．そこで，中和滴定の終点は滴定中の pH（$= -\log_{10}[H^+]$）の変化により作図した滴定曲線から決定することができる．pH の変化により色が変化する pH 指示薬を利用して，中和の終点を求めることもできる．

滴定に際しては，酸化還元滴定の場合と同様に，一定体積の酸（もしくは塩基）の溶液に，塩基（もしくは酸）の溶液をビュレットから滴下する．その中和反応の終点は，pH の変化を表す滴定曲線もしくは滴定溶液に加えた pH 指示薬の色の変化より求める．

塩酸 HCl（強酸）と水酸化ナトリウム NaOH（強塩基）の中和反応は以下のように表せる．

$$HCl + NaOH \longrightarrow NaCl + H_2O$$
$$(HCl + NaOH \longrightarrow Na^+ + Cl^- + H_2O)$$

また，食酢中の酢酸 CH_3COOH（弱酸）と NaOH（強塩基）の中和反応は以下のように表せる．

$$CH_3COOH + NaOH \longrightarrow CH_3COONa + H_2O$$
$$(CH_3COOH + NaOH \longrightarrow Na^+ + CH_3COO^- + H_2O)$$

食酢中には酢酸以外にもリンゴ酸やクエン酸などが実際には含まれている．したがって，本実験で求められる食酢中の酸の濃度は厳密には酢酸の濃度と異なる．しかし，酢酸以外の酸の濃度は小さいので，本実験では酸はすべて酢酸として考えることとする．

器　具

pH メーター，マグネチックスターラー，撹拌子，ビーカー（100 mL，200 mL），ビュレット（50 mL），ホールピペット（10 mL），メスシリンダー（25 mL）

実験操作

(1) **pH メーターの調整**

① pH メーターを図 13.1 に示す．ガラス電極（図 13.2）を pH メーター本体のコネクタに取り付け，測定スイッチが "OFF" の位置にあることを確認する．

② 温度計の先端を蒸留水ですすぎ，キムワイプで軽く水分を拭きとった後，pH 7 の標準緩衝液に浸し温度を測る．この温度での pH 値を表 13.1 から確認する．

③ ガラス電極の先端を蒸留水ですすぎ，キムワイプで軽く水分を拭きとった後，pH 7 の標準緩衝液にガラス電極を浸す．ガラス電極で軽く標準緩衝液を撹拌してなじませる．
④ 測定スイッチを"READ"の位置に動かし，指針を②で確認した pH 値に SDT つまみ("7"とあるつまみ)を動かして合わせる．
⑤ 測定スイッチを"STDBY"の位置にする．ガラス電極の先端を蒸留水ですすぎ，蒸留水の入ったビーカーに浸す．
⑥ 温度計の先端を蒸留水ですすぎ，キムワイプで軽く水分を拭きとった後，pH 4 の標準緩衝液に浸し温度を測る．この温度での pH 値を表 13.1 から確認する．
⑦ ガラス電極の先端を蒸留水ですすぎ，キムワイプで軽く水分を拭きとった後，pH 4 の標準緩衝液にガラス電極を浸す．ガラス電極で軽く標準緩衝液を撹拌してなじませる．
⑧ 測定スイッチを"READ"の位置に動かし，指針を⑥で確認した pH 値に SLOPE ツマミ("4"とあるツマミ)を動かして合わせる．
⑨ 測定スイッチを"STDBY"の位置にする．ガラス電極の先端を蒸留水ですすぎ，蒸留水の入ったビーカーに浸す．
⑩ pH メーターの調整後は，STD および SLOPE ツマミを動かさないようにする．

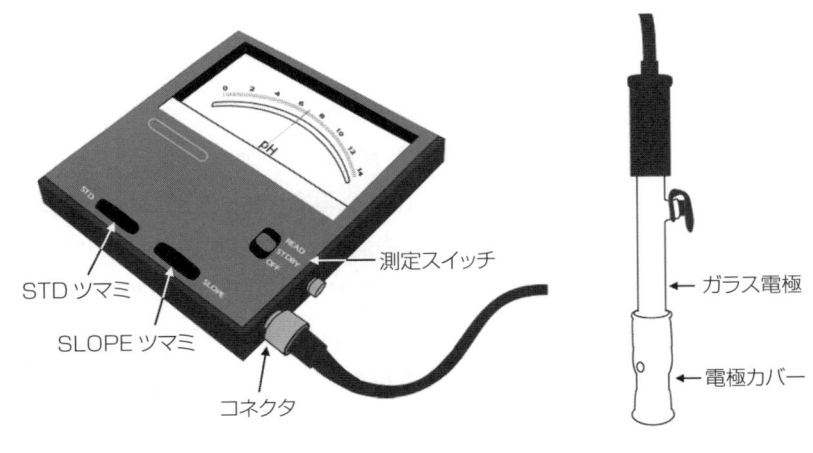

図 13.1 pH メーターの各部の名称

図 13.2 pH 電極

表 13.1 pH 標準緩衝液の pH 値

温度(℃)	pH 7 標準緩衝液	pH 4 標準緩衝液
10	6.92	4.00
15	6.90	4.00
20	6.88	4.00
25	6.86	4.01
30	6.85	4.01

注　意

ガラス電極は上下逆さまにしないようにし，使用していない時は蒸留水中に浸しておく．高価なので破損しないようにする．

(2) 塩酸標準溶液による水酸化ナトリウム水溶液の標定

① 調製してある濃度約 0.1 mol/L の NaOH 溶液をビュレットに入れ，ビュレット台に取り付ける．

② 200 mL トールビーカーにホールピペットを用いて，0.1 mol/L HCl 標準溶液（ファクター（f 値）は実験の際に周知する）10 mL を量りとり，蒸留水を加えて約 100 mL にする．フェノールフタレイン溶液を 1〜2 滴加える．

③ この 200 mL トールビーカーによく洗浄した撹拌子を入れた後，マグネチックスターラー上に載せる．200 mL トールビーカー中の溶液に，ガラス電極を浸し，スターラーの電源を入れて撹拌子を回転させる（図 13.3）．

④ pH メーターの測定スイッチを "READ" にし，pH の値を読みとり記録する．読みとりの際には，pH メーターの指針が安定するのを待ってから，最小目盛の 1/10 まで読みとる．

⑤ 滴下開始前に NaOH 溶液の体積をビュレットから読みとる．次いでビュレットから NaOH 溶液を pH 2.8 までは約 1 mL ずつ滴下し，それ以後は pH が 10 になるまで約 0.1〜0.2 mL ずつ滴下させる．滴下するたびに，ビュレットの読み，pH の値および溶液の色を記録する．

⑥ pH 10 以後は NaOH 溶液を約 1.0 mL ずつ滴下させ，pH が 12 近くになるまで滴下を続ける．滴下するたびに，ビュレットの読み，pH の値および溶液の色を記録する．

⑦ 溶液の色が無色から薄いピンク色になった際の NaOH 溶液の滴下量を求める．

⑧ 横軸に NaOH 溶液の滴下量（[ビュレットの目盛の読み]−[滴定開始時のビュレットの読み]），縦軸にその際の pH 値をとり，グラフ用紙にプロットする．プロットした滴定曲線から，図 13.4 を参考に中和反応の終点を求め，その際の NaOH 溶液の滴下量を滴定曲線から読みとる．

⑨ ⑧の滴定値より，用いた NaOH 溶液の正確なモル濃度を決定する．

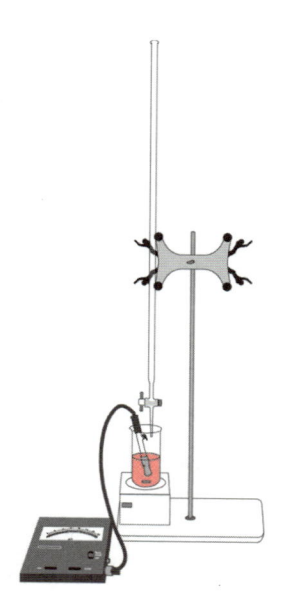

図 13.3　実験装置

注　意

ビュレットから滴下する溶液の体積は，1 滴あたり約 0.02〜0.03 mL である．

(3) 水酸化ナトリウムによる食酢中の酢酸の定量

① 200 mL トールビーカーにホールピペットを用いて，水で 10 倍に希釈してある食酢溶液

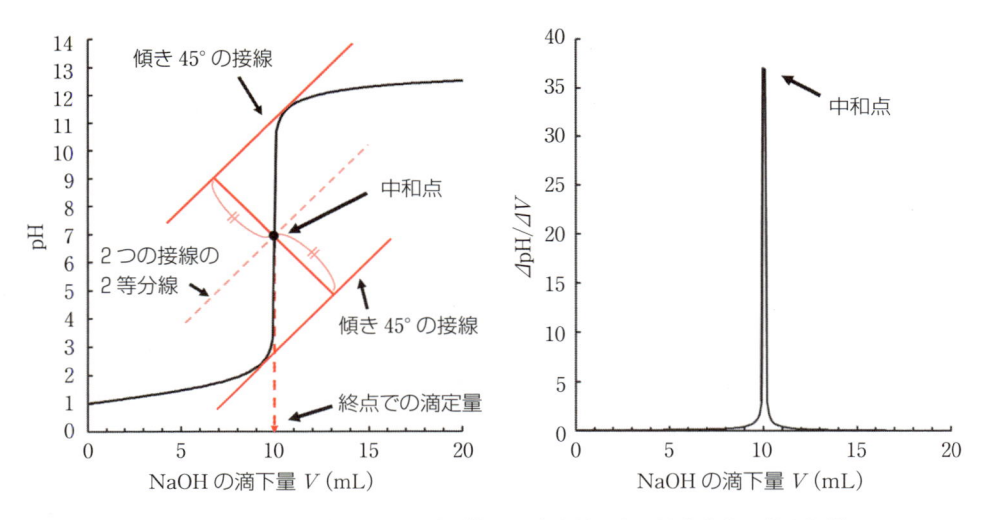

図 13.4 中和反応の終点の求め方（左：滴定曲線，右：滴定曲線の微分曲線）

10 mL を量りとり，蒸留水を加えて約 100 mL にする．フェノールフタレイン溶液を 1〜2 滴加える．
② (2)の③，④と同様の手順で pH メーターをセットする．
③ 滴下開始前に(2)で標定した NaOH 溶液の体積をビュレットから読みとる．次いでビュレットから NaOH 溶液を pH 5.4 までは約 1 mL ずつ滴下し，それ以後は pH が 11 になるまで約 0.1〜0.2 mL ずつ滴下させる．滴下するたびに，ビュレットの読み，pH の値および溶液の色を記録する．
④ pH 11 以後は NaOH 溶液を約 1.0 mL ずつ滴下させ，pH が 12 近くになるまで滴下を続ける．滴下するたびに，ビュレットの読み，pH の値および溶液の色を記録する．
⑤ 溶液の色が無色から薄いピンク色になった際の NaOH 溶液の滴下量を求める．
⑥ 横軸に NaOH 溶液の滴下量（［ビュレットの目盛の読み］－［滴定開始時のビュレットの読み］），縦軸にその際の pH 値をとり，グラフ用紙にプロットする．プロットした滴定曲線から，中和反応の終点を求め，その際の NaOH 溶液の滴下量を滴定曲線から読みとる．
⑦ ⑥の滴定値より，食酢（原液）中の酢酸の濃度をモル濃度（mol/L）および質量パーセント濃度（％）で求める．

pH 指示薬

酸・塩基の中和滴定や溶液の pH を知るために用いられる指示薬（indicator）は，酸あるいは塩基の性質をもつ有機色素であり，その共役酸塩基対のどちらか一方あるいは両方が可視光を吸収して色をもつ．

いま指示薬 HIn が弱酸であるとすると，酸塩基平衡およびその平衡定数 K_In は次式のようになる．

$$\text{HIn} \rightleftarrows \text{H}^+ + \text{In}^-$$

$$K_{\text{In}} = \frac{[\text{H}^+][\text{In}^-]}{[\text{HIn}]}$$

常用対数をとって変形すると，

$$\text{pH} = \text{p}K_{\text{In}} + \log \frac{[\text{In}^-]}{[\text{HIn}]} \tag{13.2}$$

（ここで $\text{p}K_{\text{In}} = -\log K_{\text{In}}$）

$[\text{H}^+]$ が変わると $[\text{In}^-]/[\text{HIn}]$ が変わり，色調が変化する．濃い方の濃度が薄い方の濃度の 10 倍以上になると肉眼で色の変化が確認できるといわれている．$[\text{In}^-]/[\text{HIn}] = 10$ であれば $\text{pH} = \text{p}K_{\text{In}} + 1$ となり，$[\text{In}^-]$ の色（塩基性色）が観察され，$[\text{In}^-]/[\text{HIn}] = 0.1$ では $\text{pH} = \text{p}K_{\text{In}} - 1$ で，$[\text{HIn}]$ の色（酸性色）が観察される．その中間の pH 範囲

$$\text{pH} = \text{p}K_{\text{In}} \pm 1$$

では酸性色と塩基性色の中間の色調を示す．この範囲を指示薬の変色域という．

フェノールフタレインは水溶液中で次式のような平衡状態にある．非解離形は無色の弱酸であり，電離して解離形の赤色のイオンを生じる．溶液が酸性の場合は平衡が非解離形へ偏り無色であるが，塩基性では平衡が解離形の方へ移動するため赤色になる．

表 13.2 によく用いられる指示薬を示す．

表 13.2 酸塩基指示薬と変色域

指 示 薬	酸性色	変色域 (pH)	塩基性色
クレゾールレッド	赤	0.2～1.8	青
チモールブルー	赤	1.2～2.8	黄
メチルオレンジ	赤	3.1～4.4	黄
ブロモフェノールブルー	黄	3.0～4.6	紫
メチルレッド	赤	4.4～6.2	黄
ブロモチモールブルー	黄	6.0～7.6	青
フェノールレッド	黄	6.4～8.2	赤
クレゾールレッド	黄	7.0～8.8	紫
チモールブルー	黄	8.0～9.6	青
フェノールフタレイン	無	8.3～10.0	赤
チモールフタレイン	無	9.3～10.5	青

規定度

式(13.1)において，$N=c\times n$, $N'=c'\times n'$[mol/L]とすると，式(13.1)は，

$$N\times v = N'\times v' \tag{13.3}$$

と簡単になる．この N や N' の値を規定度と呼び，単位は N で表す．1 N（1 規定と呼ぶ）の水溶液 1 L に含まれる物質が授受できる H^+ もしくは OH^- の物質量は 1 mol になる．

表 13.3 25℃における水溶液中の酸解離定数 K_{an} とその指数 pK_{an}

酸	分子式	n	K_a	pK_a
亜硝酸	HNO_2	1	7.08×10^{-4}	3.15
亜硫酸	H_2SO_3	1	4.27×10^{-2}	1.37
		2	4.57×10^{-7}	6.34
炭酸	H_2CO_3	1	7.76×10^{-7}	6.11
		2	1.35×10^{-10}	9.87
ヒ酸	H_3AsO_4	1	6.46×10^{-3}	2.19
		2	1.15×10^{-7}	6.94
		3	3.16×10^{-12}	11.50
フッ化水素酸	HF	1	2.4×10^{-4}	3.62
硫化水素	H_2S	1	8.51×10^{-8}	7.07
		2	6.31×10^{-13}	12.20
硫酸	H_2SO_4	1	非常に大きい	—
		2	1.82×10^{-2}	1.74
リン酸	H_3PO_4	1	1.38×10^{-2}	1.86
		2	2.34×10^{-7}	6.63
		3	3.31×10^{-12}	11.48
安息香酸	C_6H_5COOH	1	9.33×10^{-5}	4.03
ギ酸	HCOOH	1	2.63×10^{-4}	3.58
酢酸	CH_3COOH	1	2.63×10^{-5}	4.58
シュウ酸	$H_2C_2O_4$	1	9.12×10^{-2}	1.04
		2	1.51×10^{-4}	3.82

課　題

1．濃度 0.1 M の NaOH 水溶液 100 mL を調製するのに，何 g の NaOH が必要か．NaOH の純度は 96% とする．

2．濃度 0.05 M の硫酸の pH はいくらか．

3．0.1 M の CH_3COOH の水素イオン濃度および pH を求めよ．CH_3COOH の $K_a=1.8\times$

10^{-5} とする.

4. pH 指示薬としてメチルオレンジではなくフェノールフタレインを用いたのはなぜか.

実験 14. 比色分析（マンガンの定量）

目　的

過マンガン酸カリウム水溶液を用いて，吸収スペクトルの測定および検量線の作成をおこない，未知試料中のマンガン(II)イオンの濃度を求める.

原　理

吸収スペクトルを測定することで，溶液中に含まれる微量成分を定量することができる．この実験では，未知試料溶液に含まれるマンガン(II)イオン Mn^{2+} の濃度を検量線から求める．

検量線とは，あらかじめ濃度がわかっている試料を用いて作成したグラフのことで，横軸に目的物質の濃度，縦軸には目的物質が示す様々な物理的性質が用いられる．目的物質が着色している場合は，可視光を吸収する度合い（吸光度）を縦軸にとる．ここでは，過マンガン酸イオン MnO_4^- による可視光の吸収を利用して検量線を作成する．

可視光が試料溶液を通過すると，ある波長の光は強く吸収されて透過量が減り，残りの波長の光は吸収されずにそのまま透過する．たとえば，赤色の光が強く吸収されると，溶液はその補色である青色に見え，逆に青色の光が強く吸収されると，溶液はその補色である赤色に見えることになる．吸収される光の量が大きいほど，可視光の不均一さが増し，より濃い補色が目に見えることになる．

MnO_4^- は緑色に相当する波長の可視光を吸収する性質があるので，その補色である赤紫色に着色して見える．この着色は MnO_4^- の濃度が高いほど濃くなる．

希薄溶液では，MnO_4^- によって吸収される光の量は，ランバート・ベールの法則〔式(14.1)〕に従う．

$$A = -\log_{10} t = \varepsilon \cdot c \cdot l \tag{14.1}$$

A：吸光度，t：透過率，ε：モル吸光係数，
c：モル濃度，l：測定セルの層の長さ（セル長）

吸光度 A は，透過率 t の逆数の対数である．透過率 t は測定波長における入射光の強度 I_0 と透過光の強度 I の比で定義される（$t = I/I_0$）．実験では，透過率 t を分光光度計から読みとることになる．

式(14.1)より，溶液の吸光度は，比例定数を ε として溶液のモル濃度 c [mol/L] とセル長 l [cm] に比例することがわかる．実験では，セル長は 1 cm に固定するので $A = \varepsilon \cdot c$ となり，吸光度とモル濃度が比例する．この比例関係を用いて検量線を作成すれば，未知試料中の MnO_4^- の濃度を知ることができる．

未知試料中のマンガンが Mn^{2+} として存在する場合は，Mn^{2+} の着色（微桃色）は明瞭でないため，Mn^{2+} のままでは上記の方法でマンガンの量を定量することは困難である．そこで，Mn^{2+} を酸化して MnO_4^- とし〔式(14.2)〕，生じた MnO_4^- の吸光度から未知試料中の Mn^{2+} の濃度を求める．

$$2Mn^{2+} + 5IO_4^- + 3H_2O \longrightarrow 2MnO_4^- + 5IO_3^- + 6H^+ \qquad (14.2)$$

この反応を完全におこなうためには，十分に加熱する必要がある．

実験操作
(1) $KMnO_4$ 溶液の吸収曲線（可視部吸収スペクトル）

2個の測定用セル（ガラス製セル）を用意する．1つのセルは試料用セルとして濃度約 4.0×10^{-4} mol/L の $KMnO_4$ 溶液を入れ，他の1つは対照用セルとして純水を入れる．

注　意
・溶液を入れるときは，濃度が変わってはいけないので必ず共洗いをすること．
・光の通る部分には触れてはいけない．
・セルをセットする方向は，白い線で合わせるようにする．
・セルの外側が液で濡れたときは，光学面にキズをつけないように十分注意しながら，キムワイプなどで液をよく拭きとること．

分光光度計（図14.1）の波長を 400 nm に設定し，何も入れずに分光光度計のダイヤルを回して指針を0に合わせ，透過率の0合わせをおこなう．次に，対照用セルを分光光度計にセットして指針を100に合わせ，透過率の100合わせをおこなう．次いで，対照用セルを取り出し，試料用セルを分光光度計にセットし，透過率 t を読みとる．

この操作を表14.1の波長についておこない，各波長における透過率 t から吸光度 A を計算して，$KMnO_4$ 溶液の可視光吸収曲線（吸収スペクトル）を作成し，最大吸収波長を求める．

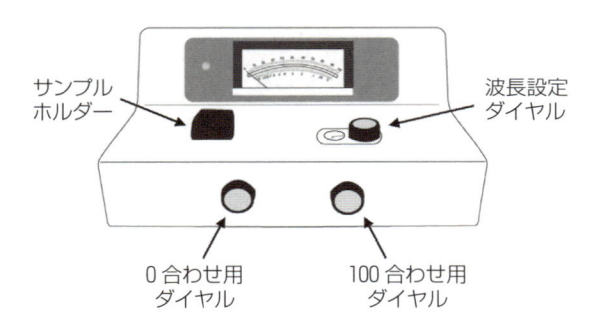

図14.1　分光光度計

表 14.1　$KMnO_4$ 溶液の透過率および吸光度

波長 (nm)	透過率 t	吸光度 A
400		
440		
480		
510		
515		
520		
525		
530		
535		
540		
560		
580		

注　意

- 分光光度計の透過率はパーセント単位で読みとることになるので，100 で割ってから，吸光度を求める必要がある．
- 吸光度を縦軸に，波長を横軸にとって，$KMnO_4$ 溶液の吸収曲線をグラフ用紙に作成し（図 14.2），レポートに結果として報告すること．

(2) **Mn 定量用検量線の作成**

　5 個の 50 mL メスフラスコを準備し，それぞれに 10 mL メスピペットを用いて，2.00×10^{-3} mol/L $KMnO_4$ 標準溶液を 0，1，2，5，10 mL 採取する．それぞれのメスフラスコに純水を加えて 50 mL にする．

注　意

- $KMnO_4$ 溶液は，少量を試料瓶からビーカーに分けとり，これから量りとること．
- メスピペットから加えた $KMnO_4$ 溶液の量が正確でないと検量線が直線にならない．メスピペットは前述のように，滴下した量を量る器具である．したがって，滴下する際には吸い上げた物質をすべて加えてはいけない．$KMnO_4$ 溶液を正確に量れなかったときは，溶液を作り直す．
- 溶液の作り直しは 2 回までとする．メスピペットからうまく量りとれないときは，実際に加えた量をノートに記録して次の操作に移ること．

　上で調製した濃度の異なる 5 種類の $KMnO_4$ 溶液について，分光光度計を用いて実験(1)で

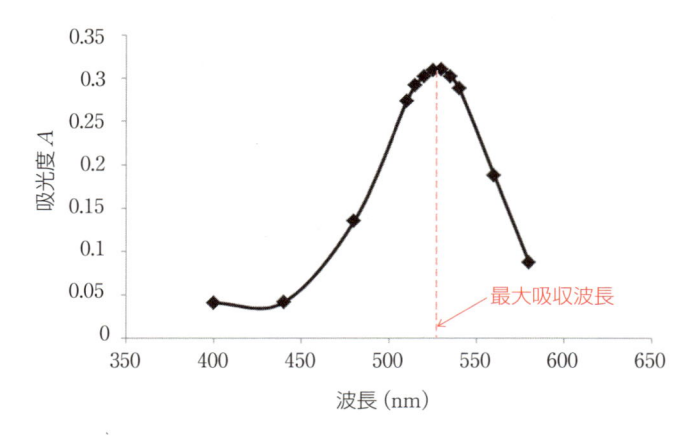

図 14.2　KMnO₄ 溶液の吸収曲線（可視部吸収スペクトル）

表 14.2　最大吸収波長における KMnO₄ 溶液の透過率および吸光度

加えた KMnO₄ 溶液（mL）	調製した KMnO₄ 溶液の濃度（mol/L）	透過率 t	吸光度 A
0.00			

求めた最大吸収波長における透過率 t を測定する．測定の際には，0 合わせ，100 合わせをおこなった後に，濃度の薄い KMnO₄ 溶液から透過率を順次，測定していく．

得られた透過率 t から吸光度 A を算出し，吸光度を縦軸に，MnO_4^- のモル濃度を横軸とした検量線（図 14.3）をグラフ用紙に作成する．検量線の傾きから，KMnO₄ 溶液のモル吸光係数 ε を算出する．

注　意

・検量線の作成は，次の未知試料の実験が終わってからおこなうこと．
・Excel など表計算ソフトを用いて検量線を作成すると，最小二乗法により，より正確なモル吸光係数を求めることができる．

(3) 未知試料溶液中の Mn^{2+} 濃度の定量

1 個の 100 mL 三角フラスコを準備し，それに Mn^{2+} 溶液（濃度未知）をホールピペットを用いて 10 mL 採取する．

このフラスコに，駒込ピペットを用いて混酸溶液（濃硝酸 40 mL と 85％リン酸 20 mL と少量の硝酸銀（～0.1 mg）を混合し，水を加えて 100 mL としたもの）を 3 mL 加えてから，純水を 30 mL 入れて希釈する．次いで，それに約 0.5 g の過ヨウ素酸カリウム（KIO₄）を加え，直

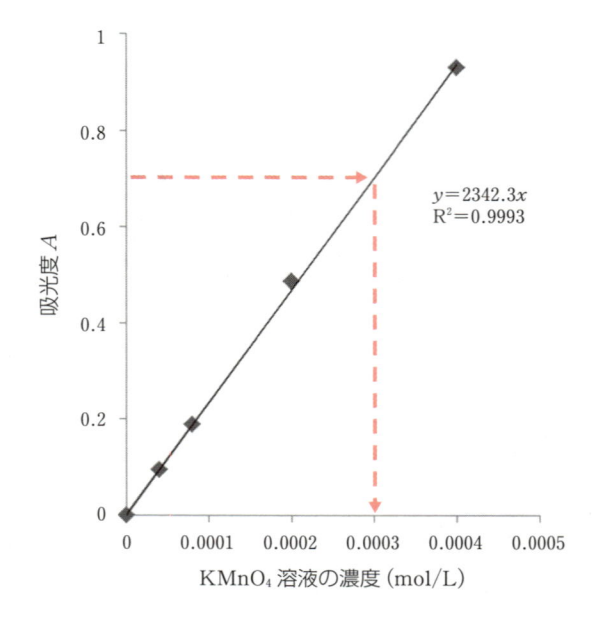

図 14.3　KMnO₄ 溶液の検量線

火で加熱する．煮沸し始めてからさらに 20 分ほど加熱し続けると，Mn^{2+} は完全に MnO_4^- に酸化されて赤紫色を呈する．

　冷却後，溶液を 50 mL メスフラスコに移し，純水で正確に 50 mL にしてよく混合する．この溶液について，実験(1)で求めた最大吸収波長における吸光度を測定する．

　測定した吸光度から，(2)で作成した検量線を用いて未知試料溶液中の Mn^{2+} のモル濃度を求める．

注　意
・濃度の計算にあたっては，メスフラスコで希釈した分を考慮して，元の試料溶液中の Mn^{2+} のモル濃度を求めること．

ランバート・ベールの法則の導出

　光を吸収する物質が溶けた溶液を光が透過すると，光が吸収されて入射光の強度が dI だけ減少する．光の強度の減少分 dI は，入射光の強度 I，溶液層の厚さ dx，溶液の濃度 c に比例するから，比例定数を k とすると，

$$dI = -kcI\,dx$$

$$\frac{dI}{I} = -kc\,dx$$

光が透過する溶液の厚さを l とし，入射光 I_0 の強度が溶液透過後に I になったとすると，

$$\int_{I_0}^{I} \frac{1}{I} dI = -kc \int_{0}^{l} dx$$

溶液の濃度が均一とすれば濃度 c は一定値なので，

$$\ln \frac{I}{I_0} = -k c l$$

となる．$k = \varepsilon \ln 10 = 2.303 \varepsilon$ とすると，

$$\log \frac{I}{I_0} = -\varepsilon c l$$

となり，$t = I/I_0$ とすると，式 14.1 のランバート・ベールの式が得られる．

電磁波の波長

電磁波のエネルギーと波長の関係は，次式で表される．

$$E = h\nu = h \frac{c}{\lambda}$$

E：電磁波のエネルギー〔J〕，h：プランク定数 6.63×10^{-34}〔J s〕
ν：電磁波の振動数〔Hz〕，λ：電磁波の波長〔m〕
c：光速 3.0×10^8〔m s^{-1}〕

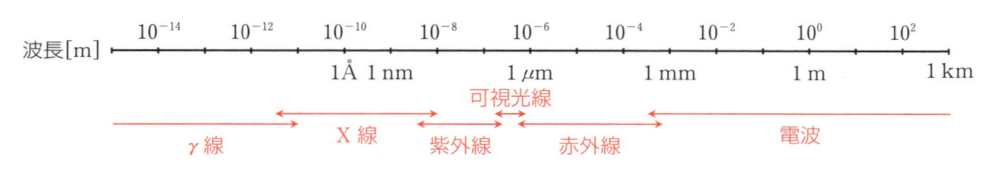

図 14.4 電磁波の種類

課 題

1. 濃度 1 mol/L のある水溶液の透過率が 50% であるとする．この溶液の濃度を 3 mol/L にして同じ条件で測定したとき，透過率は何 % になるか．
2. (1) と同じ溶液で，透過率が 10% のときの溶液の濃度を求めよ．
3. 検量線の作成において，最大吸収波長を用いるのはなぜか．
4. 実験で求めた検量線の傾きの誤差と未知試料中の Mn^{2+} のモル濃度の誤差は，それぞれどの程度か．

第3部
有機化学実験

　有機化合物は身の回りに広く存在し，我々はそれらを利用して生活している．たとえば，プラスチック，ゴム，繊維のような高分子化合物，医薬品，ガソリン，天然ガスなどは，日々の生活に欠かせないものとなっている．このような有機化合物は，石油から得られる有機化合物あるいは植物や動物から得られる天然化合物を原料として合成される．原料の有機化合物を反応させて新しい有機化合物を得る工程を有機合成といい，この工程を繰り返すことによって複雑な構造をもつ有機化合物を自在に合成することが可能となる．

　有機化学実験では，有機合成の基本操作である，①反応，②抽出または分離，③精製，④同定，の各操作について，簡便な実験を通して学習する．①反応 では，用いる溶媒，反応温度，反応時間などの反応条件を制御することが重要である．②抽出または分離 では，有機化合物の溶媒に対する溶解性の特徴を利用する．③精製 では，再結晶，蒸留（分留），昇華，クロマトグラフィーが用いられる．④同定 では，融点測定，官能基の検出，元素分析，スペクトル解析などが適用される．

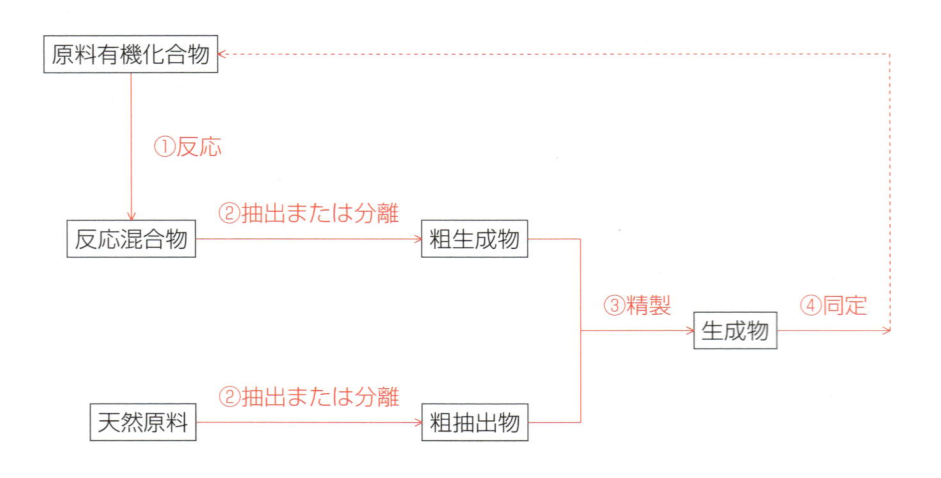

　実験をおこなうにあたっては，図Ⅲに示した有機化学実験の基本手順を理解した上で，実験の中でおこなう各操作が①〜④のどの操作に対応するのかを考えながら，取り組むことが大切である．

図Ⅲ　有機化学実験の一般的な手順

実験 15. 有機化合物中の官能基の検出（有機定性実験）

目 的
有機化合物中に存在するカルボニル基，アミノ基，不飽和炭素二重結合をこれらの官能基に特有な反応を用いて検出する．

原 理
有機化合物中に存在する特徴的な部分構造を官能基（functional group）という．たとえば，ヒドロキシ基 –OH は代表的な官能基であり，ヒドロキシ基をもつ有機化合物はアルコール（alcohol）と総称される．アルコールは，ナトリウムと反応して水素を発生するなど，ヒドロキシ基に特有の共通した性質を示す．同様に，官能基としてカルボニル基 >C=O をもつものをカルボニル化合物（carbonyl compounds），アミノ基 $-NH_2$, $-NHR$, $-NR_2$ をもつものをアミン（amine），不飽和炭素二重結合 >C=C< をもつものをアルケン（alkene）と総称する．

(1) カルボニル化合物の確認反応

カルボニル化合物には，ケトン（ketone, R-CO-R'）とアルデヒド（aldehyde, R-CHO）がある．これらはカルボニル基に特有の共通した性質を示すが，アルデヒドはカルボニル基に水素原子が結合しているために還元性も示す．R-CHOは通常 R–CHO と表記し，官能基 –CHO はホルミル基（あるいは，アルデヒド基）と呼ばれる．

フェニルヒドラゾン，セミカルバゾンの生成を用いたアルデヒド，ケトンの確認

フェニルヒドラジンとセミカルバジドはカルボニル基と反応し，安定なイミン誘導体を生成する．これらのイミン（フェニルヒドラゾンとセミカルバゾン）は固体であるため，カルボニル化合物の同定に利用される．たとえば，ある反応で生じた化合物がアセトン CH_3COCH_3 と推定できても，数 mg の液体のアセトンの沸点を測定して化合物を同定することは困難である．しかし，アセトンを固体の誘導体に変換できれば数 mg でも融点を測定することができる．カルボニル化合物をフェニルヒドラゾンやセミカルバゾンへと導くことによって，結晶性の化合物へと変換できるだけでなく，化合物の総重量を増加させることができ，化合物の微量分析が容易になる．カルボニル化合物のイミン誘導体の融点（化合物によっては分解点）はよく知られている（表 15.1）．

$$\text{H}_2\text{NNH}-\overset{\overset{\displaystyle O}{\|}}{\text{C}}-\text{NH}_2 \quad + \quad \overset{R}{\underset{R'}{>}}\!\!=\!\!O \quad \overset{-\text{H}_2\text{O}}{\rightleftharpoons} \quad \overset{R}{\underset{R'}{>}}\!\!=\!\!N-\underset{H}{N}-\overset{\overset{\displaystyle O}{\|}}{\text{C}}-\text{NH}_2$$

セミカルバジド　　　　　　　　　　　　　　　　　　　　　　　　　　セミカルバゾン

表 15.1　カルボニル化合物のイミン誘導体の融点

物質名	フェニルヒドラゾン誘導体の融点	セミカルバゾン誘導体の融点
アセトフェノン	106℃	198℃
ケイ皮アルデヒド	168℃	215℃
ジエチルケトン	油状	139℃
ベンズアルデヒド	158℃	222℃
アセトン	42℃	190℃

アルデヒドは第1級アルコールの酸化によって得られるが，さらに酸化を続けるとカルボン酸を容易に生じる．一方，第2級アルコールの酸化によって得られるケトンは，通常の酸化剤ではそれ以上酸化されない．したがって，酸化剤に対する反応性の違いを調べることによって，アルデヒドとケトンを区別することができる．このような目的のためには，銀イオン Ag^+ や銅(II)イオン Cu^{2+} のような弱い酸化剤が用いられる．

$$\left(R-\underset{\underset{\displaystyle OH}{|}}{\overset{\overset{\displaystyle H\ H}{|\ |}}{C}}\right) \xrightarrow{\text{酸化}} \quad R-\overset{\overset{\displaystyle O}{\|}}{C}-H \quad \xrightarrow[\text{Ag}^+ \text{ or } \text{Cu}^{2+}]{\text{酸化}} \quad R-\overset{\overset{\displaystyle O}{\|}}{C}-OH$$

アルコール　　　　　　　　　　　アルデヒド　　　　　　　　　　　カルボン酸

トレンス試薬によるアルデヒドの確認

トレンス試薬は，硝酸銀のアンモニア塩基性水溶液であり，これにアルデヒドを加えると，トレンス試薬中の Ag^+ が酸化剤となってアルデヒドが酸化され，0価の銀Agとカルボン酸を生じる．このとき析出した銀は反応容器の壁面に沈着し銀鏡となる．この反応は「銀鏡反応」として知られている．銀鏡反応は，鏡の工業的作製法として一般に利用されている．

$$R-\overset{\overset{\displaystyle O}{\|}}{C}-H \ + \ 2\,[Ag(NH_3)_2]^+ \ + \ 2\,OH^- \ \longrightarrow \ 2\,Ag \ + \ R-\overset{\overset{\displaystyle O}{\|}}{C}-O^-\,NH_4^+ \ + \ H_2O \ + \ 3\,NH_3$$

フェーリング反応によるアルデヒドの確認

フェーリング反応では，フェーリング溶液中の Cu^{2+} が酸化剤となり，アルデヒドがカルボン酸へと酸化される．このとき，フェーリング溶液中の Cu^{2+} は二価から一価へ還元され，赤褐色の酸化銅(I) Cu_2O として沈殿する．フェーリング溶液は，硫酸銅(II)，酒石酸カリウムナトリウム（ロッシェル塩）および水酸化ナトリウムより調製される深青色の水溶液であり，Cu^{2+} は溶液中で2分子の酒石酸と錯イオンを形成している．フェーリング反応は還元糖の確認にも用いられることがある．また，ギ酸や芳香族アルデヒドはフェーリング反応には陰性である．

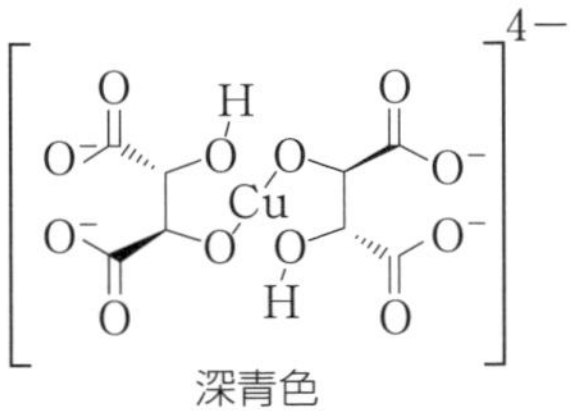

図 15.1 酒石酸と Cu^{2+} の錯イオンの構造

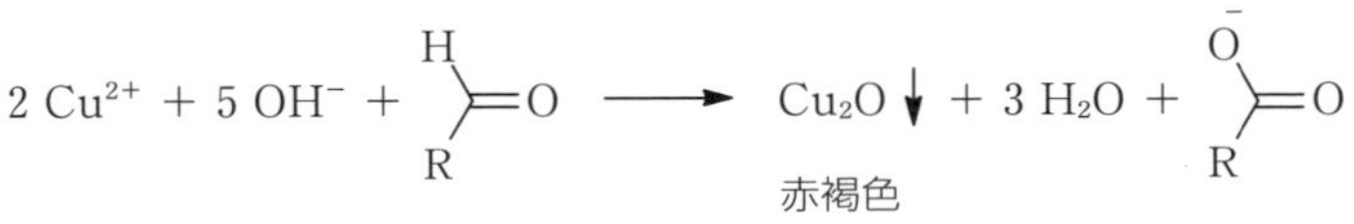

$$2\,Cu^{2+} + 5\,OH^- + RCHO \longrightarrow Cu_2O\downarrow + 3\,H_2O + RCOO^-$$

(2) アミンの確認反応

アミンはアンモニア NH_3 の水素原子が炭化水素基と置換されたもので，置換された水素原子の数によって，第1級アミン，第2級アミン，第3級アミンに分類される．これらのアミンは NH_3 と同様に塩基性を示し，酸と反応して塩をつくる．また，第3級アミンはハロゲン化アルキルと反応して第4級アンモニウム塩を生成する．これらのうち，第4級アンモニウム塩を除く第1級から第3級のアミン類は，アミノ基に特有な反応を用いて確認することができる．

R–NH₂ 第1級アミン　　R–NHR′ 第2級アミン　　R–NR′R″ 第3級アミン　　[R–N⁺R′R″R‴]X⁻ 第4級アンモニウム塩

ピクラートの生成を用いたアミンの確認

ピクリン酸とアミンを反応させるとピクリン酸塩（ピクラート）が生成する．ピクリン酸は 2,4,6-トリニトロフェノールの慣用名であり，3個のニトロ基を有するためにフェノール性水酸基の酸性が強く，アミン類と塩を形成する．生成した塩は固体となり析出するため，この反応はアミンの確認に用いられる．

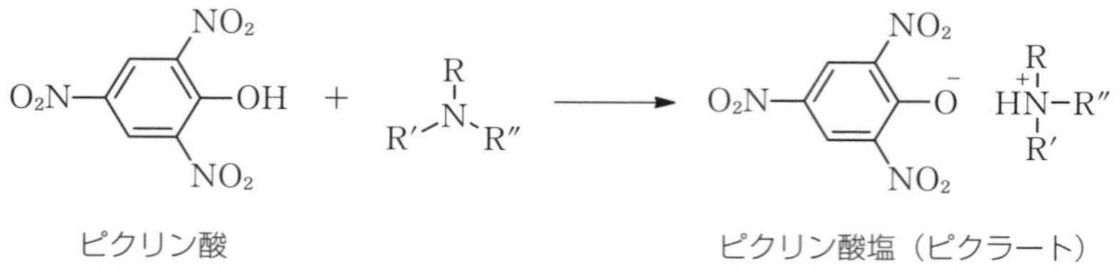

$$\text{ピクリン酸} + \text{アミン} \longrightarrow \text{ピクリン酸塩（ピクラート）}$$

アニリンのピクリン酸塩の構造

X線結晶構造解析から得られたアニリンのピクリン酸塩の分子構造を図15.2に示す．フェノール性水酸基の水素原子が，水素イオン（プロトン）としてアニリンの窒素原子上へ移動していることがわかる．生じたフェノキシドイオンの酸素原子とアニリンの窒素原子の原子間距離が2.73 Åと近いことから，この2つの原子の間には水素結合が存在し，イオン対を形成していることがわかる．

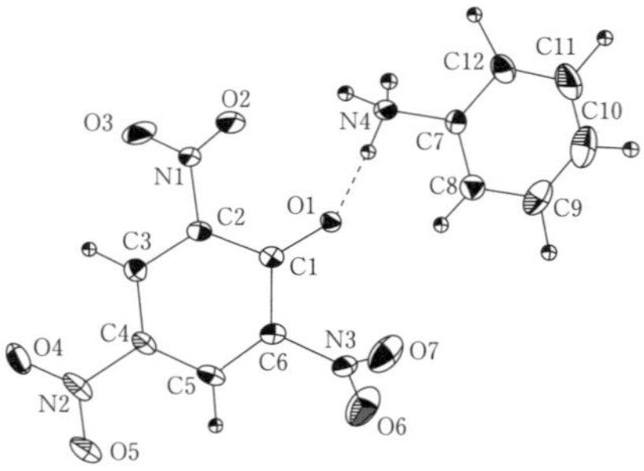

図15.2 アニリンのピクリン酸塩の分子構造（YAKUGAKU ZASSI, **124**(11), 751-767 (2004)）

ピクリン酸

ピクリン酸は，重金属イオンが共存したり衝撃を与えたりすると爆発の危険性がある．一般にピクリン酸は水溶液またはアルコール溶液の状態で保存されているため爆発の危険性は低いが，加熱・乾固等をおこなうと濃度が上がり爆発の危険性が高まる．

アゾ色素の生成を用いた第1級アミンの確認

第1級アミンは塩酸存在下，亜硝酸ナトリウムと反応させることによりジアゾ化反応が進行し，ジアゾニウム塩を生成する．脂肪族ジアゾニウム塩は反応性が高く単離はできないが，芳香族ジアゾニウム塩は安定である．生じたジアゾニウム塩にフェノールや置換アニリンのような活性化された芳香環をもつ化合物を反応させると，ジアゾカップリング反応が進行し，色素として用いられるアゾ化合物（Ar－N＝N－Ar'）が生成する．このときの色調の変化により，第1級アミンの確認が可能である．

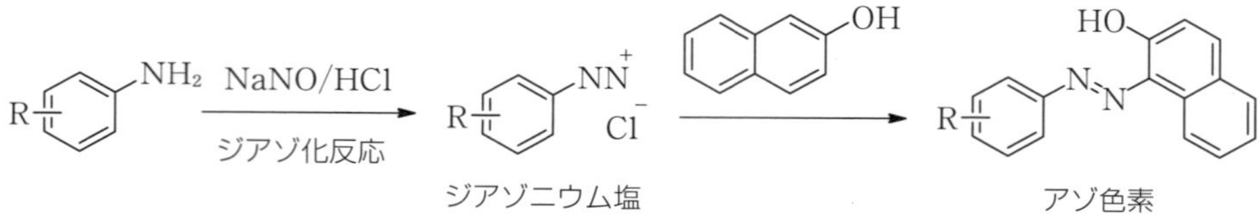

$$\text{ArNH}_2 \xrightarrow[\text{ジアゾ化反応}]{\text{NaNO}/\text{HCl}} \text{ArN}_2^+\text{Cl}^- \xrightarrow{\text{2-ナフトール}} \text{アゾ色素}$$

Hinsberg テストを用いたアミンの確認（第 1 級，第 2 級，第 3 級アミンの判別）

　Hinsberg テストとはアミンと塩化ベンゼンスルホニル $C_6H_5SO_2Cl$ との反応によって生成するスルホンアミドのアルカリに対する溶解性の違いで第 1 級，第 2 級，第 3 級アミンの区別をおこなうテストのことである．スルホンアミドのうち第 1 級アミンの誘導体は窒素原子上に酸性水素原子をもつためにアルカリに可溶である．一方，第 2 級アミンのスルホンアミド誘導体は酸性水素原子をもたないためにアルカリに不溶であり，第 3 級アミンの誘導体は塩化ベンゼンスルホニルと反応しない．

$$\underset{\text{第 1 級アミン}}{C_6H_5SO_2Cl + H_2N\text{-}R} + NaOH \longrightarrow \underset{\text{アルカリに可溶}}{C_6H_5SO_2N(H)R} + NaCl + H_2O$$

$$\left(C_6H_5SO_2N(H)R + NaOH \longrightarrow C_6H_5SO_2N^-(Na^+)R + H_2O \right)$$

$$\underset{\text{第 2 級アミン}}{C_6H_5SO_2Cl + H\text{-}NRR'} + NaOH \longrightarrow \underset{\text{アルカリに不溶}}{C_6H_5SO_2NRR'} + NaCl + H_2O$$

$$\underset{\text{第 3 級アミン}}{C_6H_5SO_2Cl + R''\text{-}NRR'} + NaOH \not\longrightarrow \text{反応しない}$$

（3）不飽和炭素二重結合の確認反応

　アルケンの C=C 結合は 1 つのシグマ結合（σ 結合）と 1 つのパイ結合（π 結合）からできている．σ 結合を形成する 2 つの σ 電子は C=C 結合の中心付近に存在しているのに対して，π 結合を形成する 2 つの π 電子は C=C 結合がつくる平面の上下に存在している．π 電子は分子の表面に存在しているため，試薬が近づきやすい．そのためアルケンは，酸化反応や求電子付加反応を受けやすく，反応性に富んでいる．

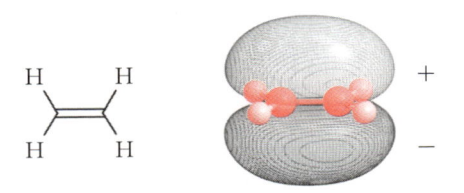

図 15.3　エテンの構造と π 電子の分子軌道

過マンガン酸カリウムを用いた不飽和結合の確認

アルケンに過マンガン酸カリウム KM_nO_4 を作用させると炭素二重結合の酸化反応が進行する．酸化剤である過マンガン酸イオンは赤紫色を呈しているが，アルケンと反応すると二酸化マンガンに変化するため，溶液の赤紫色が消える．この色調の変化から炭素二重結合の存在を確認することができる．過マンガン酸カリウムによるアルケンの酸化では，反応条件によって生成物が異なり，室温で穏やかに反応させるとシンジヒドロキシ化された生成物が得られ，加熱条件下で反応させると二重結合が開裂してケトンまたはカルボン酸が得られる．

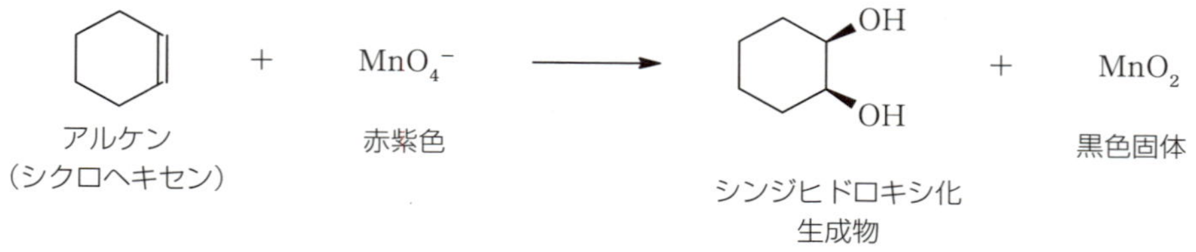
MnO4−
OH
OH
MnO2
アルケン
(シクロヘキセン)
赤紫色
シンジヒドロキシ化
生成物
黒色固体

臭素を用いた不飽和結合の確認

アルケンに臭素 Br_2 を作用させると，臭素が炭素二重結合に付加して，ジハロゲン化生成物が得られる．この反応の生成物はアンチ立体配置となる．臭素は赤褐色を呈しているが，アルケンとの反応によって臭素が消費されると，反応溶液の赤褐色が消える．これによって，炭素二重結合を確認することができる．炭素三重結合をもつアルキンも同様の反応を起こす．

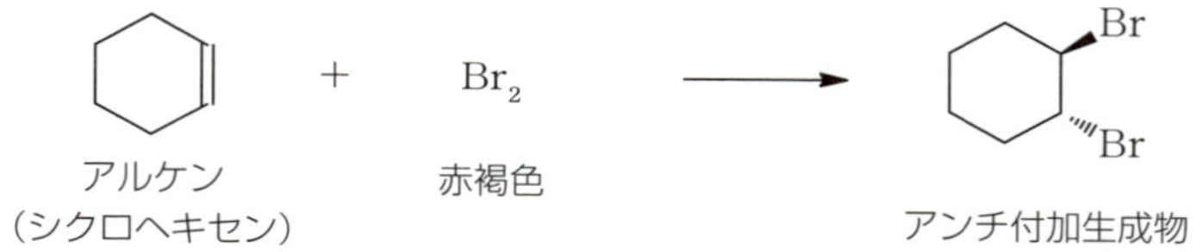
Br2
Br
Br
アルケン
(シクロヘキセン)
赤褐色
アンチ付加生成物

実験操作

(1) カルボニル化合物の確認

アセトン，ブタナール，アセトフェノン，けい皮アルデヒドの4種類のカルボニル化合物について，図15.4～15.7のフローチャートに示す反応をおこない，官能基を確認する．

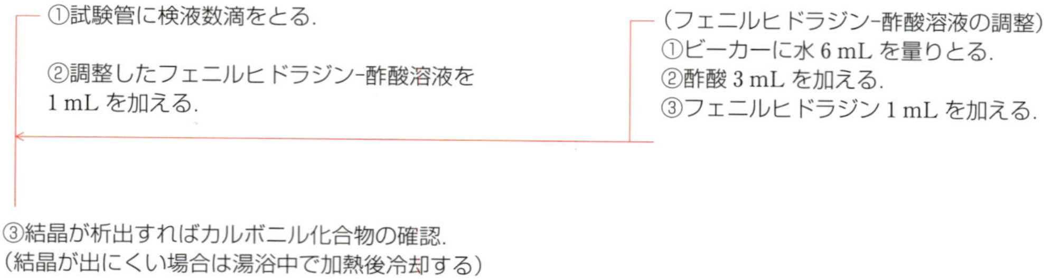
①試験管に検液数滴をとる．
②調整したフェニルヒドラジン-酢酸溶液を
1 mL を加える．
(フェニルヒドラジン-酢酸溶液の調整)
①ビーカーに水 6 mL を量りとる．
②酢酸 3 mL を加える．
③フェニルヒドラジン 1 mL を加える．
③結晶が析出すればカルボニル化合物の確認．
(結晶が出にくい場合は湯浴中で加熱後冷却する)

図 15.4 フェニルヒドラゾンの生成を用いたアルデヒド，ケトンの確認

実験 15. 有機化合物中の官能基の検出（有機定性実験）

① 試験管に検液数滴をとる．

② 調整したセミカルバジド塩酸塩水溶液を 0.5 mL を加える．

（セミカルバジド塩酸塩水溶液の調整）
① ビーカーにセミカルバジド塩酸塩 1.2 g を秤量する．
② 水 4 mL を加える．

③ メチルアルコール 1 mL を加える．
④ ピリジンを数滴加える．
⑤ 湯浴中で数分加熱後冷却する．

⑥ 結晶が析出すればカルボニル化合物の確認．

図 15.5 セミカルバゾンの生成を用いたアルデヒド，ケトンの確認

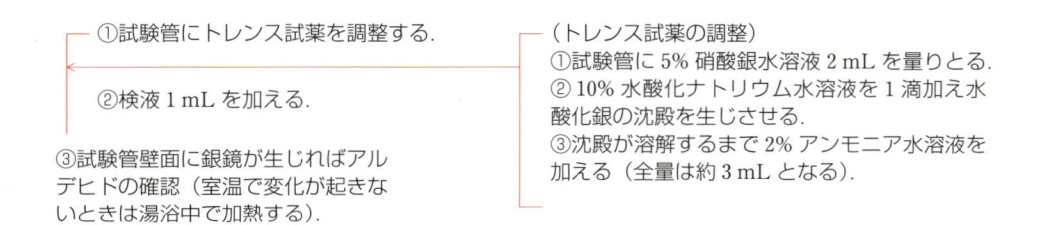

---

① 試験管にトレンス試薬を調整する．

② 検液 1 mL を加える．

（トレンス試薬の調整）
① 試験管に 5% 硝酸銀水溶液 2 mL を量りとる．
② 10% 水酸化ナトリウム水溶液を 1 滴加え水酸化銀の沈殿を生じさせる．
③ 沈殿が溶解するまで 2% アンモニア水溶液を加える（全量は約 3 mL となる）．

③ 試験管壁面に銀鏡が生じればアルデヒドの確認（室温で変化が起きないときは湯浴中で加熱する）．

注意
トレンス試薬はつくり置きしてはならない．また反応後の反応試薬等は必ず硝酸を用いて酸性条件下処理しなくてはならない．アルカリ条件下，アンモニアと硝酸銀を存在させると爆発性の雷銀（Ag_3N）が生じるためである．

図 15.6 トレンス試薬によるアルデヒドの確認（銀鏡反応）

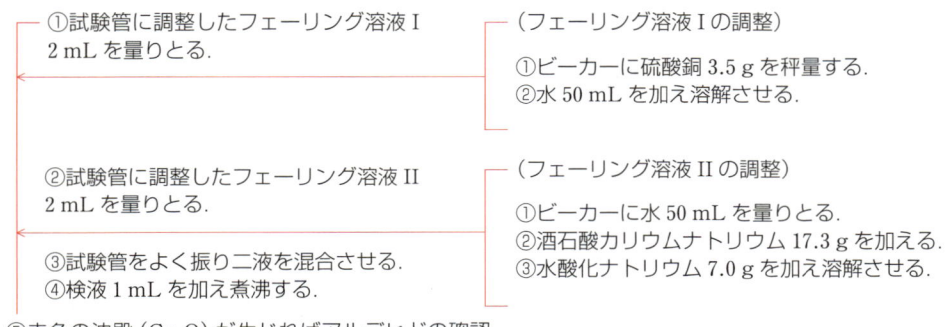

---

① 試験管に調整したフェーリング溶液 I 2 mL を量りとる．

（フェーリング溶液 I の調整）
① ビーカーに硫酸銅 3.5 g を秤量する．
② 水 50 mL を加え溶解させる．

② 試験管に調整したフェーリング溶液 II 2 mL を量りとる．

（フェーリング溶液 II の調整）
① ビーカーに水 50 mL を量りとる．
② 酒石酸カリウムナトリウム 17.3 g を加える．
③ 水酸化ナトリウム 7.0 g を加え溶解させる．

③ 試験管をよく振り二液を混合させる．
④ 検液 1 mL を加え煮沸する．

⑤ 赤色の沈殿（Cu_2O）が生じればアルデヒドの確認．

図 15.7 フェーリング反応によるアルデヒドの確認

---

(2) アミンの確認反応

アニリン，メチルアニリン，ジメチルアニリンの 3 種類のアミンについて，図 15.8〜15.10 のフローチャートに示す反応をおこない，官能基を確認する．

①試験管に検液 0.5 mL を量りとる.
②トルエンを 3 mL 加える.
③10% ピクリン酸メタノール溶液を 0.5 mL 加える.
④湯浴中で加熱後,冷却する.

⑤ピクラートの沈殿が生成すればアミンの確認.

図 15.8　ピクラートの生成を用いたアミンの確認

①ビーカーに検液 0.5 mL を量りとる.
②濃塩酸 2 mL を加える.
③水 3 mL を加え,溶液を氷浴で冷却する.
④亜硝酸ナトリウム 0.5 g を水 1 mL に溶かした溶液を加える(ジアゾ化).
⑤2-ナフトール 0.3 g を 1 M 水酸化ナトリウム水溶液 3 mL に溶かした溶液を加える.

⑥有色のアゾ色素が生成すればアミンの確認.

図 15.9　アゾ色素の生成を用いた第 1 級アミンの確認

①ビーカーに検液 0.2 mL を量りとる.
②塩化ベンゼンスルホニル 0.2 mL 加える.
③加温しながら,よく撹拌する.
④冷却後,ろ過.

沈殿 / ろ液(廃液)

⑤結晶を二分する.

⑥3 M 水酸化ナトリウム水溶液を加え結晶の溶解の有無を調べる.

⑦2 M 塩酸を加え結晶の溶解の有無を調べる.

アルカリに溶けて酸に溶けないなら 1 級アミン,いずれにも溶けないなら 2 級アミン,結晶が生成しないなら 3 級アミンの確認.

図 15.10　第 1 級,第 2 級,第 3 級アミンの判別

(3) 不飽和炭素二重結合の確認反応

シクロヘキセンとヘキサンの 2 種類の炭化水素化合物について,図 15.11 と図 15.12 のフローチャートに示す反応をおこない,官能基を確認する.

①試験管に検液 1 mL を量りとる.
②1% 過マンガン酸カリウム水溶液を 1 滴加える.
③10% 硫酸 1 滴を加え,よく撹拌する.
(不溶の場合はアセトンまたはアルコールを加える)

④過マンガン酸イオンの赤紫色が消えればアルケンの確認.

図 15.11　過マンガン酸カリウムを用いた不飽和結合の確認

① 試験管に検液 1 mL を量りとる．
② 3% 臭素水溶液を 1 mL 加えよく撹拌する．

③ 臭素の赤褐色が消えればアルケンの確認．

図 15.12 臭素を用いた不飽和結合の確認

課 題

1．表 15.1 に示したカルボニル化合物の構造式を書きなさい．
2．アミンが塩基性を示す理由を説明しなさい．
3．アルカンの C−C 結合距離は約 1.54 Å，アルケンの C＝C 結合距離は約 1.34 Å，アルキンの C≡C 結合距離は約 1.20 Å である．結合距離の違いを説明しなさい．
4．アルカンは臭素と反応しないが，日光に当てると反応して臭素の色が消える．このとき起こる反応を説明しなさい．

実験 16．アセトアニリドの合成

目 的

アニリンと無水酢酸との反応によりアセトアニリドを合成する．得られた粗製アセトアニリドは再結晶により精製し，融点測定によって同定する．

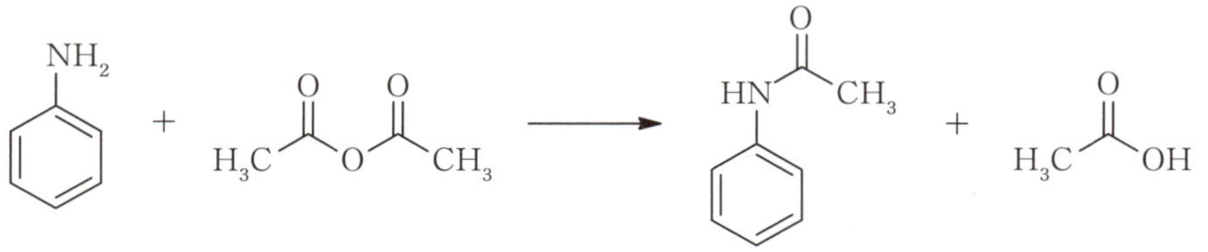

原 理

アセトアニリド（IUPAC 名：*N*-phenylacetamide）は分子量：135.17　融点：115℃の葉状（または雲母状）の白色固体である．アセトアニリドは医薬品，農薬，化学工業製品の合成中間体，加硫促進剤，過酸化水素の安定化剤など，幅広い分野で使用されている．また，以前は解熱鎮痛剤や写真の現像液の成分としても使用されていた．

アセトアニリドは，アニリンと無水酢酸を加熱撹拌することにより合成することができる．この反応では，アニリンの窒素原子上の水素原子の 1 つがアセチル基と置換（アセチル化）され，目的物であるアセトアニリドが生じる．原料のアニリンは特有の匂いを有する無色の液体であるが，しばしば黄色または褐色を呈していることがある．これはアニリンの一部が酸化されてアニリンブラックが生成されているためである．一方，反応試薬である無水酢酸は，2 分

子の酢酸から水分子が脱離して縮合した化合物であり，刺激臭のある無色の液体である．無水酢酸は適度な反応性をもち，取り扱いやすいため，アルコールやアミンのアセチル化に広く用いられる．アセトアニリドの合成において，無水酢酸の代わりに氷酢酸（純度98％以上の酢酸）を用いても反応はほとんど進行しない．これは，カルボキシル基 –COOH がよい脱離基をもたないためである．アセチル化を効率的におこなうためには，反応性の高い無水酢酸または塩化アセチルを用いることが必要である．無水酢酸ではアセトキシ基 –OCOCH$_3$ が，塩化アセチルでは塩素原子 –Cl が良好な脱離基としてはたらく．無水酢酸は塩化アセチルと比較すると反応性はやや劣るが，試薬の保存や反応操作の容易さから，アセチル化剤としては無水酢酸が一般に用いられる．

カルボン酸
(R＝Me：酢酸)

酸無水物
(R＝R′＝Me：無水酢酸)
良好な脱離基

酸塩化物
(R＝Me：塩化アセチル)
良好な脱離基

図 16.1 カルボン酸，酸無水物，酸塩化物の構造

Column

アニリンブラック

アニリンブラックはアニリンが酸化されて生じる着色した物質の総称であり，明確な化学構造は明らかとなっていない．しかし，近年の研究から，フェナジン骨格を有するオリゴマーを含む混合物であることが明らかとなっている．着色したアニリン中のアニリンブラックの濃度はごくわずかであるため，反応において着色したアニリンを使用しても問題はない．

図 フェナジンの一般式

アセチル化された化合物は加水分解することにより元の化合物に戻すことができる〔式(16.2)〕．この性質を利用して，アセチル基はしばしばヒドロキシ基およびアミノ基の保護基として使用される．一般にアセチル基の加水分解には酸触媒や塩基触媒の存在下に加熱することが必要である．しかし，アセトアニリドを水中で長時間加熱したり塩基性条件に長時間放置したりすると，加水分解が徐々に進行する可能性がある．

$$\text{C}_6\text{H}_5\text{NHCOCH}_3 + \text{H}_2\text{O} \xrightarrow{\text{触媒,加熱}} \text{C}_6\text{H}_5\text{NH}_2 + \text{CH}_3\text{COOH} \quad (16.2)$$

アニリンと無水酢酸からアセトアニリドが生成する反応の反応機構を図16.2に示す．まず，アニリンの窒素原子が無水酢酸のカルボニル基の炭素原子を求核攻撃し付加する．次に，生じた中間体のアンモニウムイオンから水素イオン（プロトン）が脱離する．その後，中間体から酢酸イオンが脱離してアセトアニリドが生成する．このような反応を一般に，求核付加-脱離反応と呼ぶ．

図 16.2 アセトアニリドの合成反応の反応機構（求核付加-脱離反応）

反応により得られた粗製アセトアニリドは，再結晶により精製することができる．アセトアニリドは冷水には難溶であるが，温水には可溶である．図 16.3 にアセトアニリドの水に対する溶解度曲線を示す．これより，粗製アセトアニリドを適量の温水に溶解し，この溶液を冷却するとアセトアニリドが結晶として析出することがわかる．再結晶は有機化合物を精製する方法の1つであり，様々な工業プロセスでも用いられている．身近な例では，砂糖の精製が挙げられる．

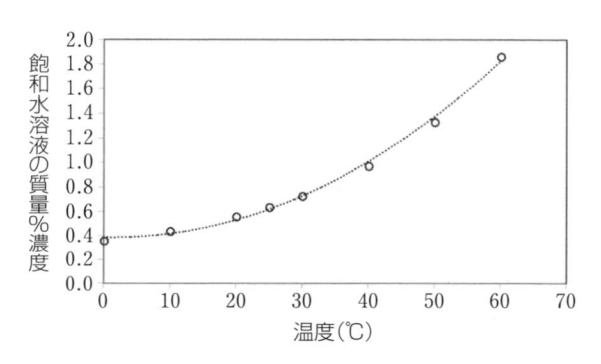

図 16.3 アセトアニリドの溶解度曲線（溶媒：水）
（「化学便覧」改訂5版基礎編 II　丸善 2004 年）

有機化合物の結晶

有機化合物の結晶は分子結晶であり，結晶内では分子同士が主にファンデルワールス力により密にパッキングされている．結晶は分子が規則的に3次元に整列した状態であり，不純物などの無関係な分子は立体的に結晶内に入り込むことができず除外されるので，再結晶によって化合物の純度は高められる．結晶化によって有機化合物を精製する操作には，昇華もしばしば用いられる．

融点測定

融点は物質の基本物性の1つであり，圧力 1 atm（＝$1.013×10^5$ Pa）のもとで固体状態の物質が液体状態と平衡を保つときの温度を指す．純物質の融点は一定圧力のもとで一定値を示すため，融点を文献値と比較することにより物質を同定することができる．純粋な化合物では融解が始まる温度と融解が終了する温度の差（融点の幅）は狭く数℃の範囲に収まる．しかし，化合物の純度が低いと融点の幅が広がり文献値よりも低い温度で融解が終了する．化合物によっては融点測定中に分解するもの（分解点）や明確な融点を示さないもの（ガラス転移温度）もある．

融点測定器は様々な型式の装置が市販されているが，試料をキャピラリー（ガラス毛細管）に詰め，これをシリコン油中で加熱し，拡大鏡で観察するタイプが一般的である（図16.4）．融点測定の際には，試料を完全に乾燥させておくことが必要であり，そのためには吸引ろ過によって溶媒の水をよく切った試料を，さらに素焼き板にこすり付けて水分を完全に取り除く．水分が含まれていると，融点が極端に低くなることがある．

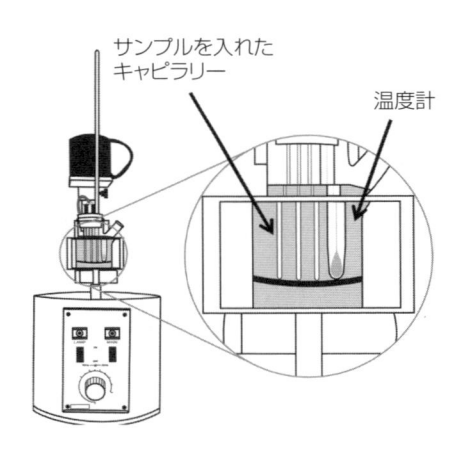

図 16.4 融点測定器

混融試験

融点を利用した化合物の同定法に，試料と標品（標準物質）とを混合して融解した後，冷やして固化した試料の融点を測定する方法がある．このような化合物同定法を混融試験という．混融試験では，融点が標品と同じであれば化合物の確実な同定となる．

収率の算出

収率とは，反応式に基づいて化学量論的に計算される生成物の理論量に対して，実際に得られた生成物の量の割合をパーセントで表したものである．アニリンからアセトアニリドを合成する場合の収率は，次のように計算される．

1) 理論収量を求める．

$$\frac{量りとったアニリンのg数}{アニリンの分子量} \times アセトアニリドの分子量 = 理論収量〔g〕$$

2) 収率を求める．

$$\frac{合成したアセトアニリドのg数}{理論収量} \times 100 = 収率〔\%〕$$

Column

アセトアニリド

アセトアニリドの医薬品としての利用は，1800年代フランスにおいて寄生虫による熱病患者に向けナフタリンを処方するところ誤ってアセトアニリドを処方したことに始まる．誤って投与されたアセトアニリドは併発していた熱を下げ，解熱鎮静作用があることが明らかとなった．アセトアニリドはアンチフェブリンという名前で販売され，日本ではノーシンの主成分として大正7年から昭和46年まで販売された．その後アセトアニリドの主要代謝物（生体内に投与された物質が代謝を受け構造を変化させた結果，薬理作用や毒性が変化した物質のこと）がアセトアミノフェンであることが明らかとなり，またアセトアミノフェンはアセトアニリドよりも副作用が少ないことがわかった．現在，アセトアミノフェンは医薬品に使用されており，日本においては小児用バファリンの主成分として使用されている．

また，殺菌消毒薬であるオキシドールにはアセトアニリドが少量添加されていることがある．これは，アセトアニリドがオキシドールの主成分である過酸化水素の分解を抑制する安定剤としての性質をもつためである．

実験操作

図16.5のフローチャートに従って，アニリンと無水酢酸からアセトアニリドを合成する．得られたアセトアニリドは再結晶によって精製する．再結晶によって得られた精製アセトアニリドと再結晶前の粗製アセトアニリドの融点を文献値と比較することによって，生成物を同定する．また，精製アセトアニリドの収率を求める．

吸引ろ過の手順

1．アスピレーター，吸引瓶，ブフナー漏斗を図16.6のように接続する．
2．水栓を開き，吸引しながらブフナー漏斗にろ紙を密着させる．このとき，ろ紙を少量の溶媒（水）で濡らしておく．
3．ろ紙上にサンプル（結晶を含む溶液）を注ぎ入れる．移しきれなかった結晶は少量の水を

第3部　有機化学実験

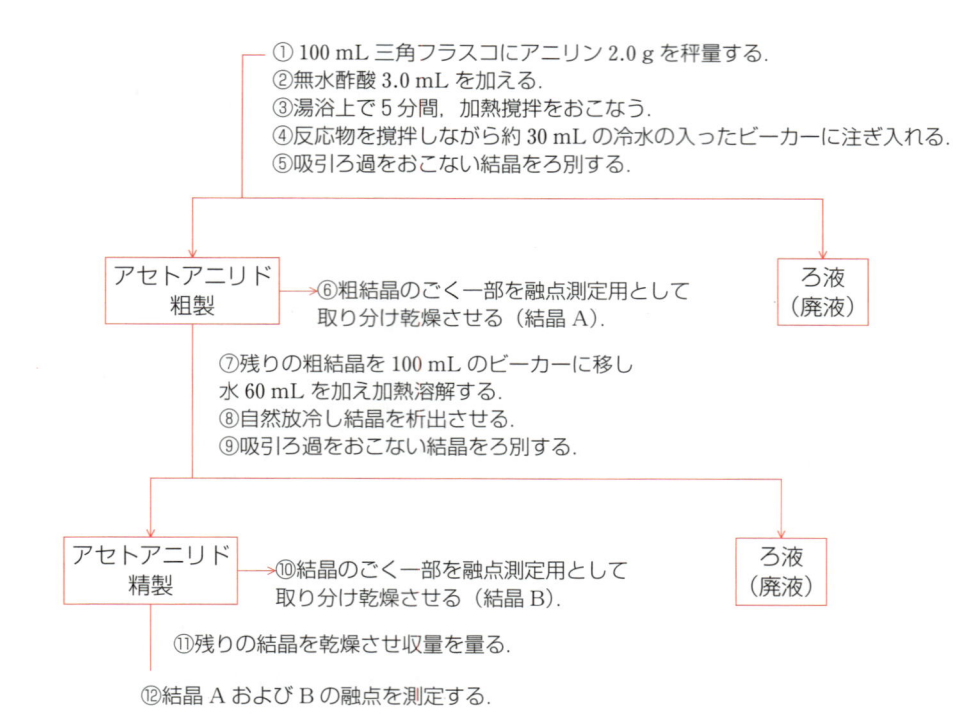

```
① 100 mL 三角フラスコにアニリン 2.0 g を秤量する．
② 無水酢酸 3.0 mL を加える．
③ 湯浴上で 5 分間，加熱撹拌をおこなう．
④ 反応物を撹拌しながら約 30 mL の冷水の入ったビーカーに注ぎ入れる．
⑤ 吸引ろ過をおこない結晶をろ別する．
```

→ **アセトアニリド 粗製** → ⑥ 粗結晶のごく一部を融点測定用として取り分け乾燥させる（結晶 A）．

→ **ろ液（廃液）**

⑦ 残りの粗結晶を 100 mL のビーカーに移し水 60 mL を加え加熱溶解する．
⑧ 自然放冷し結晶を析出させる．
⑨ 吸引ろ過をおこない結晶をろ別する．

→ **アセトアニリド 精製** → ⑩ 結晶のごく一部を融点測定用として取り分け乾燥させる（結晶 B）．

→ **ろ液（廃液）**

⑪ 残りの結晶を乾燥させ収量を量る．
⑫ 結晶 A および B の融点を測定する．

図 16.5　アセトアニリドの合成と確認

別法：①〜④を次のようにおこなってもよい．① 200 mL 三角フラスコにアニリン 2.0 g を秤量し，濃塩酸 2.0 mL をゆっくりと加えてよくかき混ぜる．② 別途，酢酸ナトリウム（無水）2.3 g を水 20 mL に溶かした溶液を準備しておく．③ ①の溶液に無水酢酸 2.5 mL を加える．④ ③の溶液に②の溶液をよくかき混ぜながら加え，さらに数分間よくかき混ぜる．

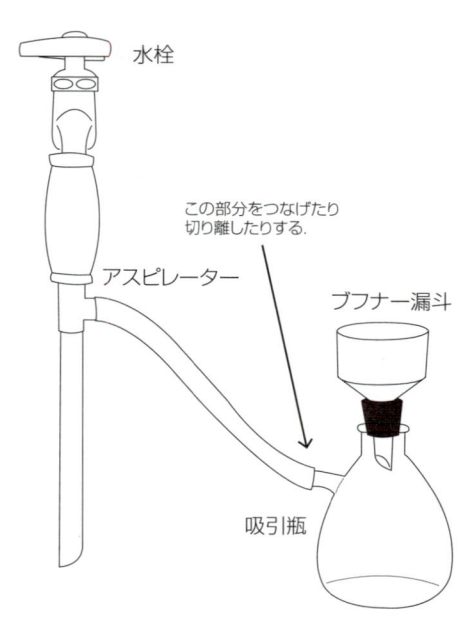

図 16.6　吸引ろ過装置

用いてろ紙上に移す．このとき，大量の水を用いるとアセトアニリドが溶解してしまい，収率が低下する．
4．集めた結晶の上にろ紙を置き，上から三角フラスコの底で軽く押して，十分に水を取り除く．
5．吸引している状態で，アスピレーターと吸引瓶を切り離す．
6．水栓を閉じて，吸引を止める．水栓はアスピレーターと吸引瓶を切り離してから閉じること．切り離す前に水栓を閉じると水が吸引瓶の中に逆流することがある．
7．ブフナー漏斗を取り外し，逆さにして結晶を取り出す．

融点測定の手順
1．アセトアニリドの試料を素焼き板にこすり付けて，水分を完全に取り除く．
2．乾燥した試料を融点測定用のキャピラリーに詰める．試料はキャピラリーの底から 2〜3 mm 程度の高さまで詰めるのが好ましい．量が多過ぎると試料が完全に融解するまでに時間がかかり融点の温度幅が広がる原因になる．
3．試料を詰め終わったら，使用した素焼き板に残っているアセトアニリドを，アセトンを湿らせた脱脂綿できれいに拭きとり，風乾しておく．
4．試料を詰めたキャピラリーを融点測定器にセットする．
5．融点測定器の電源を入れ，シリコン油の温度を徐々に上昇させる．温度の上昇速度は毎分 1〜2℃ が好ましいが，融点付近では 1℃ 以下となるように融点測定器の温度調整つまみを調整する．
6．キャピラリー内の試料が溶け始めたら，温度計の温度を読みとり記録する．
7．同様に，キャピラリー内の試料が溶け終わったら，温度計の温度を読みとり記録する．
8．温度調整つまみをゼロにし，融点測定器の電源を切る．
9．キャピラリーを融点測定器から取り出して，専用の回収容器に回収する．

課 題
1．無水酢酸に水を反応させると何が生成するか．反応式を用いて説明しなさい．
2．アニリンの窒素原子上の水素原子は 2 つ存在するが，アセチル化をおこなうとアセチル基が 1 つしか導入されないのはなぜか．
3．収率の計算において，無水酢酸ではなくアニリンを基準としたのはなぜか．

実験 17．ナイロンの合成

目 的
ヘキサメチレンジアミンとアジピン酸ジクロリドから，界面重合法によってナイロン 6,6 を合成する．

[式 (17.1): ヘキサメチレンジアミン + アジピン酸ジクロリド → ナイロン6,6 + 2n HCl]

原　理

　ナイロンはアミド結合を繰り返し単位にもつ無色または薄黄色の結晶性ポリマー（プラスチック）の総称である．ナイロンにはいくつかの種類があるが，どれも耐摩耗性，潤滑性および耐油性に優れているために衣料用繊維，絶縁部品，食品加工機械部品，包装機械部品など，幅広い分野で使用されている．ナイロンは，ナイロン m とナイロン m,n に分類できる．ナイロン m はラクタム（環状アミド）またはアミノカルボン酸を原料として得られ，m は炭素数を示している．ナイロン m,n はジアミンとジカルボン酸から得られる．ナイロン m,n の m はジアミンの炭素数，n はジカルボン酸の炭素数を示している（表 17.1）．ナイロン（nylon）とはインビスタ社（旧デュポン・テキスタイル・アンド・インテリア社）の商品名であり，ポリアミド（PA）系ポリマーの総称である．ナイロン 6,6 は 1934 年，米国のカロザースによって合成され，その後 1941 年に工業化された．

　ナイロン 6,6 を実験室で合成する場合，原料としてアジピン酸の代わりに反応性の高いアジピン酸ジクロリドを用いる．ヘキサメチレンジアミンとアジピン酸ジクロリドからナイロン 6,6 が生成する反応の反応機構を式(17.2)に示す．まず，ヘキサメチレンジアミンの窒素原子がアジピン酸ジクロリドのカルボニル炭素原子を求核攻撃し付加する．次に，生じた中間体のアンモニウムイオンから水素イオン（プロトン）が脱離する．その後，中間体から塩素イオンが脱離してアミド結合が完成する．この反応が繰り返されることでナイロン 6,6 が生成する．

[式 (17.2): 反応機構]

表17.1 代表的なナイロンと原料

名　　称	原　　料	構　造　式
ナイロン 6,6	$H_2N-(CH_2)_6-NH_2$ $HOOC-(CH_2)_4-COOH$	$[-NH-(CH_2)_6-NH-CO-(CH_2)_4-CO-]_n$
ナイロン 6,10	$H_2N-(CH_2)_6-NH_2$ $HOOC-(CH_2)_8-COOH$	$[-NH-(CH_2)_6-NH-CO-(CH_2)_8-CO-]_n$
ナイロン 6,12	$H_2N-(CH_2)_6-NH_2$ $HOOC-(CH_2)_{10}-COOH$	$[-NH-(CH_2)_6-NH-CO-(CH_2)_{10}-CO-]_n$
ナイロン 6	ε-カプロラクタム（7員環ラクタム）	$[-NH-(CH_2)_5-CO-]_n$
ナイロン 12	ラウロラクタム（13員環ラクタム）	$[-NH-(CH_2)_{11}-CO-]_n$
ナイロン 11	$H_2N-(CH_2)_{10}-COOH$	$[-NH-(CH_2)_{10}-CO-]_n$
ナイロン MXD6	$H_2NCH_2-C_6H_4(m)-CH_2NH_2$ $HOOC-(CH_2)_4-COOH$	$[-NHCH_2-C_6H_4(m)-CH_2NH-CO-(CH_2)_4-CO-]_n$

　実際の実験では，ヘキサメチレンジアミンは水酸化ナトリウムとともに水溶液とし，アジピン酸ジクロリドは有機溶媒の一種である四塩化炭素に溶かし，この2つの溶液の界面で重合をおこなうことでナイロン6,6を合成する．このように，混合しない溶媒に各々のポリマー原料を溶かし，溶媒同士の界面でポリマーを合成する方法を界面重合法と呼ぶ．界面重合法の利点は，均一溶液中での反応と異なり各ポリマー原料の物質量比がポリマーの重合度に影響を与えにくいことや溶媒に難溶のポリマーの合成が可能な点である．

　ヘキサメチレンジアミンはアミノ基を有しているため水に可溶であり，この水溶液を界面重合の一方の溶液として用意する．この溶液には，重合反応の際に生じる塩化水素HClを中和するために水酸化ナトリウムを塩基として加えておく．一方，アジピン酸ジクロリドは水に難溶

の有機物であり，四塩化炭素溶液として用意する．四塩化炭素の密度は $1.6\,\mathrm{g/cm^3}$ であり，水より重い．そのため，反応容器にはまず，アジピン酸ジクロリドの四塩化炭素溶液を入れ，次に，ヘキサメチレンジアミンと水酸化ナトリウムを溶かした水溶液を四塩化炭素溶液の上に注ぎ込む．この際，界面が波立たないようにゆっくりと水溶液を注入する必要がある．

実験操作

図 17.1 のフローチャートに従って，原料としてヘキサメチレンジアミンとアジピン酸ジクロリドを用い，界面重合法によってナイロン 6,6 を合成する．

① 100 mL ビーカーにアジピン酸ジクロリド 0.5 mL を秤量する．
② 四塩化炭素 10 mL を加える．

（ヘキサメチレンジアミン水溶液の調製）
① 50 mL ビーカーにヘキサメチレンジアミン 0.2 mL を秤量する．
② 水 15 mL を加える．
③ 水酸化ナトリウム 0.2 g を加える．

③ ヘキサメチレンジアミン水溶液 10 mL を加える（このとき，両溶液が混ざらず 2 層になるように静かに注ぎ入れる）．

④ 2 層に分かれた溶液の界面に生成したナイロン膜をピンセットでつまみ静かに引き上げる．
⑤ 引き上げたナイロンを試験管などにゆっくり巻き上げる．
⑥ 巻き上げたナイロンを十分に水洗いした後，乾燥させる．

図 17.1　界面重合法によるナイロン 6,6 の合成手順

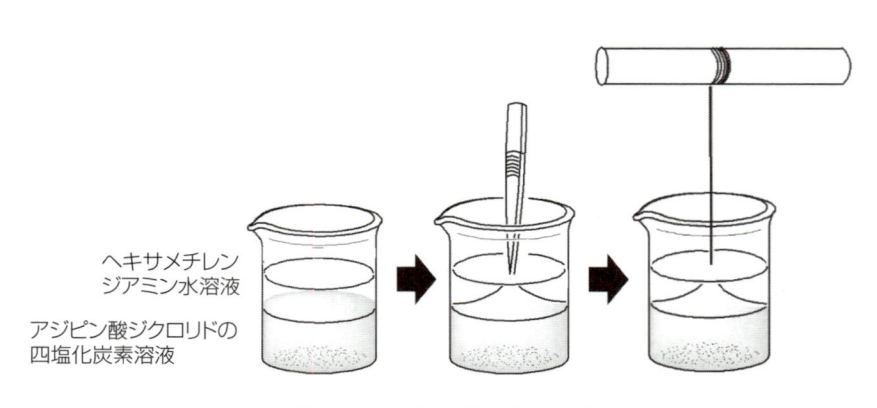

図 17.2　ナイロン膜の巻き上げ

課題

1. ナイロン（ポリアミド）とタンパク質（ポリペプチド）の分子構造上の類似点と相違点を述べなさい．
2. アミド結合の代わりにエステル結合でつながったポリマーにはどのようなものがあるか．

具体例を2つ挙げて，その分子構造，合成法，性質，用途について述べなさい．

実験 18. カフェインの抽出と分析

目 的

緑茶の茶葉よりカフェインを抽出し，精製した後，ムレキシド反応を用いてカフェインを同定する．

原 理

カフェイン（IUPAC 名：1,3,7-trimethylpurine-2,6-dione）は，分子量：194.2　融点：238℃　沸点：178℃（昇華）の昇華性の白色結晶固体である．カフェインは植物由来の窒素を含む生理活性物質（アルカロイド）である．強心，利尿，精神運動刺激などの作用をもち，様々な医薬品に使用されている．カフェインの化学構造はキサンチンにメチル基が3つ置換した構造であり，窒素原子を含む複素五員環と複素六員環が縮環したプリン骨格を有する．キサンチン誘導体にはカフェインの他にテオフィリンやテオブロミンがあり，いずれも生理活性をもつ．

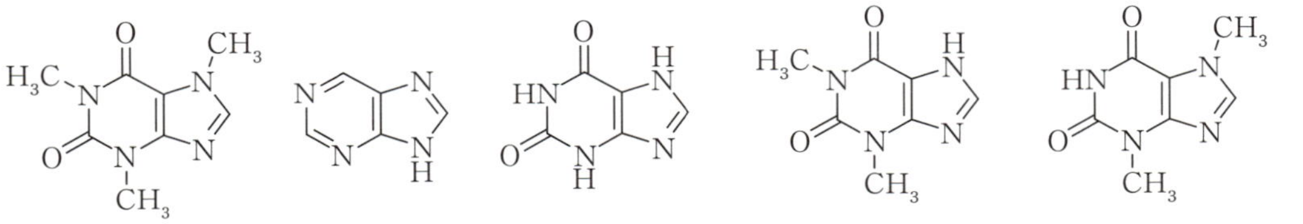

図 18.1　カフェインおよびカフェイン類縁体の化学構造

カフェインの製法には，天然物から抽出する方法と尿素を原料として化学合成する方法（コラム参照）がある．本実験では緑茶の茶葉から水および有機溶媒（クロロホルム）を用いてカフェインを抽出する．

カフェインは茶やコーヒーに多く含まれているが，その含有量は原材料の処理方法によって変化する．表 18.1 に茶およびコーヒーに含まれるカフェイン含有量を示す．抽出液中のカフェインの含有量（下段）は抽出方法によって変化しうる．

表 18.1　各種茶およびコーヒーのカフェイン含有量〔日本食品標準成分表より〕

	玉 露	煎 茶	紅 茶	コーヒー[a]
カフェイン含有量（茶葉あるいはコーヒー粉末 100 g 中）	3.5 g	2.3 g	2.9 g	4.0 g
カフェイン含有量（抽出液 100 g 中）	0.16 g	0.02 g	0.03 g	0.06 g

[a]　インスタントコーヒー

(1) 茶葉からのカフェインの抽出

茶葉にはカフェインのほかに，カテキンやポリフェノールなどのタンニン，タンパク質，アミノ酸，脂質，糖質，植物繊維などが混在している（表18.2）．そのため純度の高いカフェインを得るためには，カフェインとその他の物質とを分離しなければならない．そこでまず，茶葉を熱水で膨潤させて茶葉から水に可溶な成分のみを抽出する．抽出液をろ過することにより，非水溶性の植物繊維や一部のタンパク質等が取り除かれる．なお，この操作をおこなう過程で，タンニンの一部が空気中の酸素により酸化を受け有色の酸化物を生じると，その後の操作に支障をきたす．そのため，アスコルビン酸を酸化防止剤として加えておくとよい．

表18.2 玉露と煎茶の茶葉の成分分析表（%）〔日本食品標準成分表より〕

	タンニン	カフェイン	タンパク質アミノ酸	脂質	糖質	繊維	灰分
玉露	10.0	3.5	29.1	4.1	32.7	11.1	6.4
煎茶	13.0	2.3	24.0	4.6	35.2	10.6	5.4

ろ過した後の抽出液には，ろ過で取り除けないタンニンなどの水溶性夾雑物が含まれている．この抽出液に水酸化カルシウムを加えると，タンニンはカルシウム塩となり沈殿する．タンニンはカテコールまたはピロガロール骨格をもち，多くのフェノール性水酸基を有する．そのため，タンニンはアルカリ土類金属とキレート結合して錯体を生じる．

カフェインは水に対する溶解度（0.105 mol/L）よりもクロロホルムに対する溶解度（0.813 mol/L）の方が高いため，カフェインは効率よく有機相へ抽出される．そこで水酸化カルシウムで処理した抽出液にクロロホルムを加え，カフェインをクロロホルム層に抽出する．以上の操作によって，茶葉抽出物の中から，カフェインをクロロホルム層へ分離できる．

得られたカフェインのクロロホルム溶液には少量の水が混入している．そこで，脱水剤として無水硫酸ナトリウムを加え，クロロホルム溶液から水を取り除く．無水硫酸ナトリウムは水と反応すると水和物を形成し，有機溶媒中に沈殿する〔式(18.1)〕．

$$Na_2SO_4 + 10H_2O \longrightarrow Na_2SO_4 \cdot 10H_2O \downarrow \qquad (18.1)$$

次に，脱水したカフェインのクロロホルム溶液からカフェインを取り出すために，ロータリーエバポレーターを用いて溶液からクロロホルムのみを減圧留去する．ロータリーエバポレーターはフラスコを回転させながら減圧下，加熱することで効率よく溶媒を留去する装置である．フラスコを回転することで溶媒の蒸発効率を上げるとともに容器内での溶媒の突沸を防ぐこともできる．カフェインには昇華性があるので，溶媒が飛び切った後にフラスコに残る残渣を長時間そのまま減圧し続けると，カフェインの一部が昇華することがある．

(2) ムレキシド反応を用いたカフェインの同定

　ムレキシド反応は日本薬局法によって定められたカフェインの定性的確認法である．カフェインや尿酸などのキサンチン骨格を有する化合物は過酸化水素，次いでアンモニアと反応して赤紫色のムレキソインを生じる．まず，カフェインと過酸化水素が反応して酸化物1が生成する．次に，酸化物1がアンモニアと反応してムレキソインが生成すると考えられている．

カフェイン　　　　　酸化物1　　　　　　　　ムレキソイン
　　　　　　　　　　　　　　　　　　　　　　　赤紫色

(18.2)

Column

カフェインの化学合成

　日本では食品に添加されるカフェインは天然抽出物由来のものを使用しなくてはならない．そのため，コーラなどの清涼飲料水には，カフェインレスコーヒーを製造する際に抽出されたカフェインが添加されている．一方，医薬品や試薬，一部の化粧品など，食品以外に使用されるカフェインは天然抽出物由来のほかに化学合成されたカフェインが用いられている．これまでに様々なカフェインの合成法が研究開発されてきたが，現在，主流となっている工業的製法はTraubeの合成法（またはその改良法）である．Traubeの合成法では，ナトリウムエトキシド存在下で尿素とシアノ酢酸メチルを反応させアミノウラシルを合成する．これに亜硝酸ナトリウムを作用させ，ニトロソ化合物とする．次に，亜鉛と硫酸を用いてニトロソ基NOを還元することによりジアミノウラシルを合成した後，ギ酸を作用させ，脱水して閉環し，テオフィリンとする．最後に，塩化メチルを反応させ目的物であるカフェインを得ている．

アミノウラシル　　ニトロソ化合物　　ジアミノウラシル

テオフィリン　　カフェイン

実験操作

図 18.2 と図 18.3 に示すフローチャートに従って、緑茶の茶葉からカフェインを抽出し、得られたカフェインをムレキシド反応によって同定する。

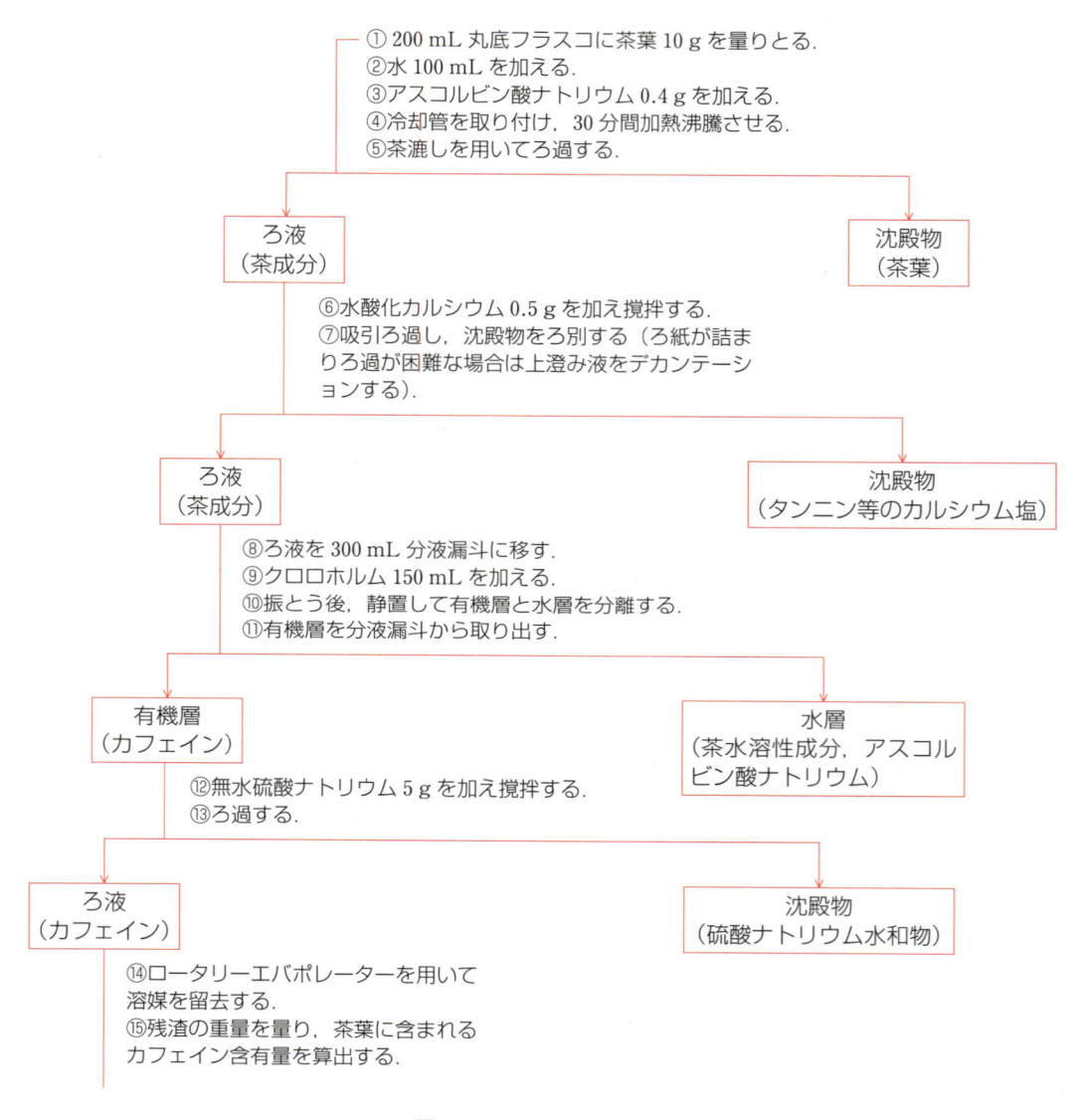

```
┌─ ① 200 mL 丸底フラスコに茶葉 10 g を量りとる.
│   ② 水 100 mL を加える.
│   ③ アスコルビン酸ナトリウム 0.4 g を加える.
│   ④ 冷却管を取り付け、30 分間加熱沸騰させる.
│   ⑤ 茶漉しを用いてろ過する.
▼
```

ろ液（茶成分） → **沈殿物（茶葉）**

⑥ 水酸化カルシウム 0.5 g を加え撹拌する.
⑦ 吸引ろ過し、沈殿物をろ別する（ろ紙が詰まりろ過が困難な場合は上澄み液をデカンテーションする）.

ろ液（茶成分） → **沈殿物（タンニン等のカルシウム塩）**

⑧ ろ液を 300 mL 分液漏斗に移す.
⑨ クロロホルム 150 mL を加える.
⑩ 振とう後、静置して有機層と水層を分離する.
⑪ 有機層を分液漏斗から取り出す.

有機層（カフェイン） → **水層（茶水溶性成分、アスコルビン酸ナトリウム）**

⑫ 無水硫酸ナトリウム 5 g を加え撹拌する.
⑬ ろ過する.

ろ液（カフェイン） → **沈殿物（硫酸ナトリウム水和物）**

⑭ ロータリーエバポレーターを用いて溶媒を留去する.
⑮ 残渣の重量を量り、茶葉に含まれるカフェイン含有量を算出する.

図 18.2 カフェインの抽出

① 得られたカフェイン約 0.01 g を蒸発皿に量りとる.
② 35% 過酸化水素水 0.4 mL と濃塩酸 0.2 mL を加える.
③ 弱火で加熱し水を蒸発乾固させる.
④ 冷却後、25% アンモニア水 0.2 mL を加える.
⑤ 紫色に変色したらカフェインの存在の確認.

図 18.3 カフェインの確認（ムレキシド反応）

分液漏斗の使い方

　分液漏斗は有機化合物の抽出に使用するガラス器具である．水層と有機層は上部より，漏斗を使用して入れる．漏斗を取り除き，上部に栓をする．このとき，上部の穴と栓の溝が反対側になるようにする．栓が抜けないようにしっかりと分液漏斗を両手で握り，逆さまにする．二方コックを開けて空気抜きをして，すぐに二方コックを閉じる．水層と有機層がよく混ざり合うように分液漏斗を振とうする．10秒ほど振とうしたら振とうを止め，二方コックを開けて空気抜きをする．二方コックを閉じて，振とうと空気抜きの操作を数回繰り返す．その後，分液漏斗を元の状態に戻し，上部の穴と線の溝の位置を合わせる．しばらく静置すると水層と有機層が分離する．下層（この実験の場合は有機層）は二法コックを開いて下から取り出す．残った上層（この実験の場合は水層）は栓をとって上部より取り出す．

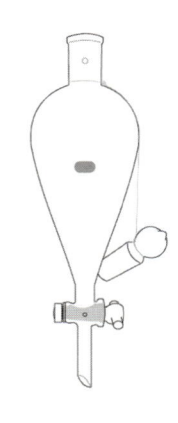

図 18.4　分液漏斗

課　題

1．カフェイン水溶液の液性を調べ，その理由について説明しなさい．

第 4 部

物理化学実験

　物理化学実験では，質量，温度，濃度，圧力，体積などの物理量を測定し，物理化学的理論を基にして目的の物理量（反応速度など）を求める．測定した物理量からどのような原理を用いて，どのような実験条件のもとで，目的の物理量が求められるのかを把握した上で実験をおこなうことが重要である．その際，測定した物理量の精度（誤差）が，目的の物理量の精度（誤差）にどの程度影響してくるのか，といった考察も大切になる．

　実験の背景にある物理化学的理論を表現するためには，数式を用いることは避けられない．しかし，物理量同士の関係性を数式で表現できるということは，目的の物理量の数値を予測して算出できるということであり，応用上重要な意味がある．内容的には高度なものも含まれているが，数式で表現されている物理量同士の関係性がどのようなものなのかを自分なりにイメージして実験に取り組んでほしい．

実験 19. 薄層クロマトグラフィー

目　的

　薄層クロマトグラフィー（Thin Layer Chromatography，TLC）により，アニリンと 1-ブロモブタンとの反応によって生じるアミノ化合物の分離・分析をおこなう．

$$\text{アニリン} + CH_3CH_2CH_2CH_2Br \xrightarrow[\text{トリエチルアミン}]{(CH_3CH_2)_3N} \text{N-ブチルアニリン} + \text{N,N-ジブチルアニリン} + HBr$$

アニリン　　1-ブロモブタン　　　　　　　　　　N-ブチルアニリン　　　　N,N-ジブチルアニリン

原　理

　クロマトグラフィーは，固定相と移動相という 2 相間において物質の分配や吸着性に差があることを利用して，移動相を一定の方向に動かすことにより混合物を分離・定量する方法である．クロマトグラフィーの原理は種々の方式に分類できるが，すべて固定相-移動相間の平衡の達成に基づいている．

　固定相-移動相間の平衡は，次の分配定数 K_D で表される．

$$K_D = \frac{[\mathrm{X}]_s}{[\mathrm{X}]_m} \tag{19.1}$$

ここで $[\mathrm{X}]_s$ は平衡時における成分 X の固定相における濃度，$[\mathrm{X}]_m$ は移動相中の濃度である．大きな K_D をもつ物質ほど，固定相により強く保持される．図 19.1 に，カラムクロマトグラフィーによる分離の仕組みを示す．固定相に混合物を注入した後，連続的に移動相溶媒を流すことにより，混合物を分離することができる．移動相溶媒との相互作用が強く，固定相との相互作用が弱い（K_D が小さい）物質ほど，早く溶出してくる（ここでは B）．2 相間での真の平衡は達成されないので，2 相間の物質の移動にはいくらかの遅れが生じ，その結果分離された各物質の濃度分布に広がりが生じる．

クロマトグラフィーでは，ガラス管や細いキャピラリー（ステンレスや溶融シリカの毛細管）に固定相を詰めたカラムを用いることが多い．固定相には吸着剤，イオン交換樹脂，液体を担

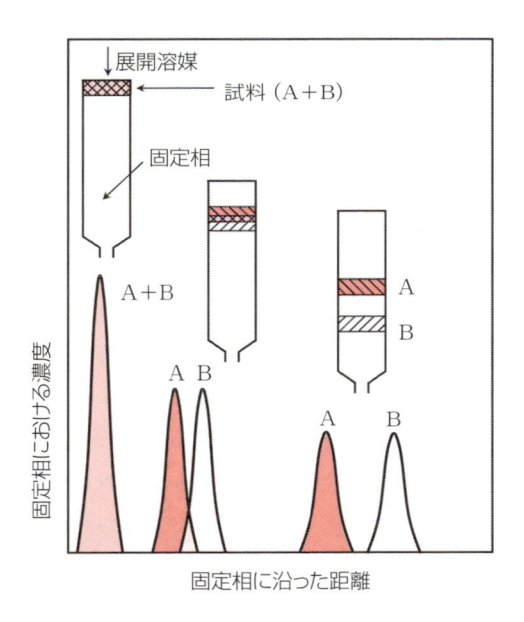

図 19.1 カラムクロマトグラフィーによる試料の分離

表 19.1 クロマトグラフィーの分類

	移動相	固定相	例
ガスクロマトグラフィー (gas chromatography, GC)	気体	液体	気-液（分配）クロマトグラフィー
		固体	気-固（吸着）クロマトグラフィー
液体クロマトグラフィー (liquid chromatography, LC)	液体	液体	液-液分配クロマトグラフィー
		固体	液-固吸着クロマトグラフィー イオン交換クロマトグラフィー サイズ排除クロマトグラフィー

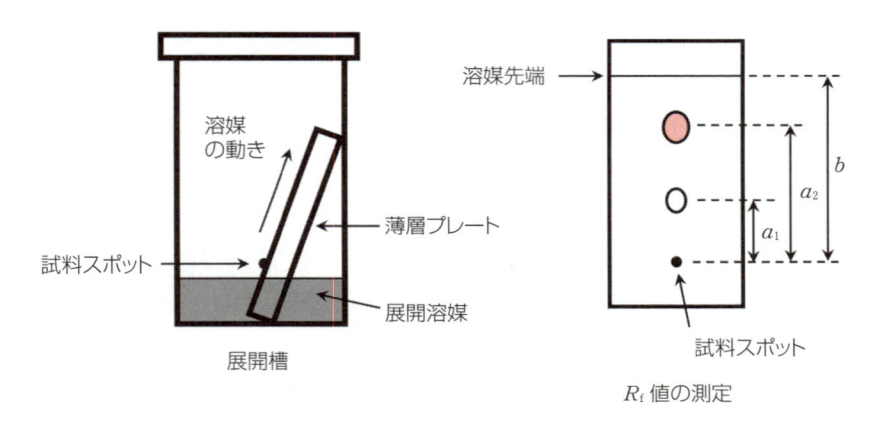

図 19.2　薄層クロマトグラフィー（TLC）

持した固体などが用いられる．一方，移動相には通常，気体か液体を用いる．固定相と移動相の種類により，クロマトグラフィーは表 19.1 のように分類できる．

液体クロマトグラフィーには，固定相をカラムに詰める方法以外に，固定相に平板状の固体を用いる薄層クロマトグラフィー（TLC）およびペーパークロマトグラフィーがある．これらのクロマトグラフィーでは，移動相の展開方法や分離成分の検出方法がカラムクロマトグラフィーと大きく異なるが，簡便に混合物の分離が可能であることから，有機物や無機イオンの定性および定量分析に広く用いられている．

薄層クロマトグラフィーでは，ガラスやプラスチック，アルミニウムの板に薄く塗布した吸着剤を固定相とし，毛管現象による移動相溶媒の浸透を利用して，混合物の分離をおこなう（図 19.2）．少量の試料溶液をスポットした薄層プレート（TLC プレート）を展開溶媒中に浸すと，溶媒は毛管現象によりプレートに吸い上げられる．その際，試料中の各成分は，展開溶媒-固定相間の分配平衡に応じて異なる速度で上昇する．展開した後の各スポットの位置から式(19.2)で求まる R_f 値は，展開条件を変えなければ同一成分では同じ値を示すので，定性分析をおこなうことができる．

$$R_f = \frac{\text{成分の移動距離}}{\text{展開溶媒の先端の移動距離}} = \frac{a}{b} \tag{19.2}$$

薄層クロマトグラフィーは一度ある溶媒で試料を展開した後，プレートを 90° 回転させて第 2 の溶媒で展開することもできる（2 次元薄層クロマトグラフィー）．また，固定相を選択することにより，分配，吸着，イオン交換，サイズ排除などの各クロマトグラフィーとしても利用できる．反面，結果の再現性や定量分析には不向きな面もある．

本実験では，薄層クロマトグラフィーを用いて，アニリンと 1-ブロモブタンとの反応の進行を追跡する．アニリンと 1-ブロモブタンはトリエチルアミンの存在下で反応して，N-ブチルアニリンと N,N-ジブチルアニリンを生じる．この反応で，トリエチルアミンは反応によって生成する臭化水素を中和し，反応の効率を高めるはたらきをする．通常，有機化合物の反応は

エーテルなどの有機溶媒中でおこなわれるが，本実験では過剰量の1-ブロモブタンを反応試薬かつ溶媒として用いる．

　アニリンやアニリンの誘導体のようにベンゼン環をもつ化合物（芳香族化合物）は，紫外 (Ultraviolet, UV) 光を吸収する性質をもつ．したがって，蛍光特性をもつ吸着剤を塗布した薄層プレート (TLCプレート) にUVランプ（波長254 nm）を照射すると，化合物のある場所が黒く見える．これによって，分析試料中に存在する芳香族化合物を確認することができる．化合物やイオンによる光の吸収については，実験14の原理を参照せよ．

実験操作

1．実験の準備

(1) 毛細ガラス管（スポッター）の作製

　ガラス管をガスバーナーで加熱し，柔らかくする．これをバーナーの炎中から取り出し，すぐに両手で伸ばす．できた毛細管（キャピラリー）を爪で折って，約10 cmの長さのTLC用のスポッターを数本作製する．

(2) TLCプレートの準備

　縦5 cm，横2 cmに切ったTLCプレートを数枚用意し，プレートの上下5 mmの場所に鉛筆で薄く線を引く．さらに，下側の線上に約7 mmの間隔で2点，分析試料をスポットする場所をマークする（図19.3）．

(3) 展開槽の準備

　駒込ピペットを用いてねじ口瓶に展開溶媒（ヘキサン：酢酸エチル8：2）約1 mLを入れ，ふたをして静置する．

2．反応操作

　50 mLなす型フラスコに1-ブロモブタン10 mL，アニリン0.5 g，トリエチルアミン0.4 gを順番に加える．なす型フラスコに沸石2粒を入れ，還流管を取り付け，ガスバーナーで加熱還流する（図19.4）．その後，10分おきに3回，以下の手順によって反応生成物の確認をおこなう．

3．TLCによる反応の追跡

　還流を10分間続けた後，加熱を止め，反応溶液の一部（数滴）を駒込ピペットで吸いとり，これを試験管内で1 mLのエーテルに加える．このエーテル溶液のごく少量を上記で作製したスポッターを用いて吸い上げ，吸い上げた反応溶液をTLCプレートの原点（右側）にスポットする．この後，なす型フラスコに沸石2粒を入れ，還流管を取り付けて再び加熱還流をおこなう．

　反応溶液をスポットしたTLCプレートの左側の原点に，新しいスポッターを用いてアニリンエーテル溶液を同様にスポットする．このTLCプレートを展開槽内に注意して立てかけ，ふたをして静置する．展開溶媒がTLCプレートの上部の線まで達したら，ふたを開けて，

図 19.3 TLC プレート

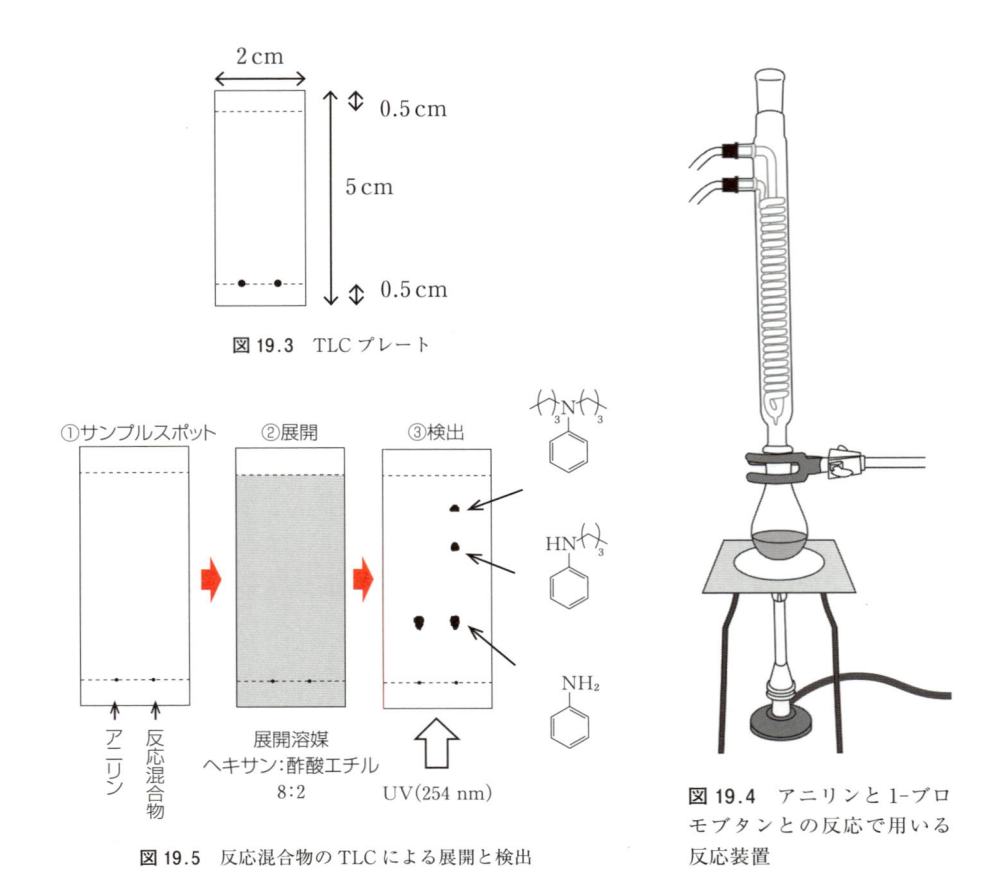

図 19.5 反応混合物の TLC による展開と検出

図 19.4 アニリンと 1-ブロモブタンとの反応で用いる反応装置

TLC プレートを取り出し，風乾して展開溶媒を揮発させる．TLC プレートに UV ランプ（波長 254 nm）を照射し，化合物が観測された位置に鉛筆で薄く印をつける（図 19.5）．このとき，UV ランプを直視してはならないので注意すること．

4．結果の解析

各反応時間における TLC プレートのスケッチを実験ノートに記録する．次に，アニリン，N-ブチルアニリン，N,N-ジブチルアニリンのそれぞれの R_f 値を式(19.2)によって求める．反応時間の経過に従い，反応の様子がどのように変化したかについて考察する．

クロマトグラフィーの理論

カラムを用いたクロマトグラフィーでは，カラムの性能を段理論によって評価できる．これは，カラムを同じ高さ（厚さ）の不連続な段が多数連なったものと仮定し，それぞれの段における固定相と移動相の間での物質の分配平衡を考えるものである．各理論段は 1 回の平衡過程（分配抽出過程）に相当すると見なせるので，理論段の数が多いほど高効率な分離が可能となる．

いま，ある成分を分析した際，測定開始から時間 t_R 後に試料の分析ピークが得られたとする．t_R を保持時間という．理論段数 N は，t_R とベースライン上で測定したピーク幅 w_b を用いて次の

式で表すことができる.

$$N = 16\left(\frac{t_R}{w_b}\right)^2 \tag{19.3}$$

理論段数 N は得られたデータから直接求めることができるが，これには保持されない成分がカラム内を流れる時間（t_M）の影響が含まれている．そこで，$t_R' = t_R - t_M$ を用いると，有効理論段数 N_{eff} を求めることができる．

$$N_{\text{eff}} = 16\left(\frac{t_R'}{w_b}\right)^2 \tag{19.4}$$

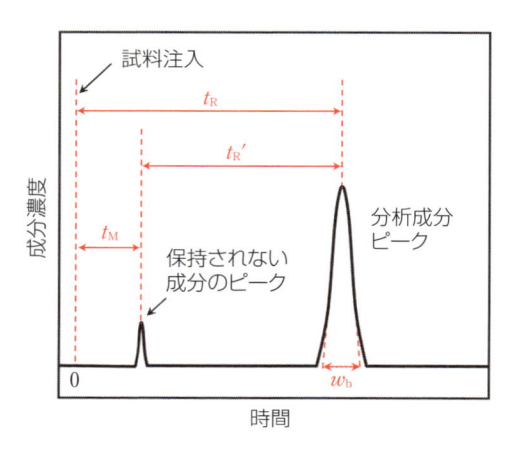

図 19.6 クロマトグラフィーピークからの理論段数の決定

　実際のクロマトグラフィーでは各理論段で平衡状態が達成されるわけではない．しかし，実測ピークから求めた理論段数が大きいほどピーク幅が狭くなり分離が効率的におこなえるので，理論段数の値でカラムの性能を表すのが一般的である．さらにカラム内での物質拡散などの影響を考慮してカラム効率に関する詳細な理論が構築され，それを基に高性能なキャピラリーカラムが開発された．その結果，ガスクロマトグラフィー（GC）や高速液体クロマトグラフィー（high performance liquid chromatography, HPLC）といった分析手法が大きく発展し，現在では様々な分野における化合物の分離，同定，定量に欠かせないものとなっている．

課　題

1. アニリンと N-ブチルアニリンと N,N-ジブチルアニリンの R_f 値の違いを，クロマトグラフィーの原理に基づいて説明しなさい．
2. 芳香族化合物が UV 光を吸収するのはなぜか．
3. UV 吸収をもたない有機化合物を TLC プレート上で確認するには，どのようにすればよいか．

実験 20. 反応速度の測定（酢酸エチルの加水分解）

目　的

希塩酸中での酢酸エチルの加水分解速度を測定し，反応速度定数 k を求める．

原　理

化学反応の反応速度は，単位時間あたりのモル濃度の変化量で定義される．たとえば，A→P という反応の場合，反応速度 v は反応物 A のモル濃度の減少速度，または生成物 P のモル濃度の増加速度になる．

$$v = -\frac{d[\mathrm{A}]}{dt} = \frac{d[\mathrm{P}]}{dt}$$

このような単純な反応の場合，一般に反応速度 v は反応物 A のモル濃度に比例する．比例定数を k，時間 t における反応物のモル濃度を $[\mathrm{A}]$ とすると，次の関係式が成り立つ．

$$v = -\frac{d[\mathrm{A}]}{dt} = k[\mathrm{A}] \tag{20.1}$$

式(20.1)のように，反応速度が一種類の反応物の濃度に比例する反応を一次反応と呼ぶ．比例定数 k は反応速度定数と呼ばれる．

式(20.1)を変数分離すると，

$$\frac{1}{[\mathrm{A}]}d[\mathrm{A}] = -k\,dt \tag{20.2}$$

$t=0$ で $[\mathrm{A}]=[\mathrm{A}]_0$，$t=t_i$ で $[\mathrm{A}]=[\mathrm{A}]_i$ なので，式(20.2)をこの範囲で積分すると，

$$\int_{[\mathrm{A}]_0}^{[\mathrm{A}]_i} \frac{1}{[\mathrm{A}]}d[\mathrm{A}] = -k\int_0^{t_i} dt$$

$$\ln[\mathrm{A}]_i - \ln[\mathrm{A}]_0 = -kt_i$$

$$\ln\frac{[\mathrm{A}]_0}{[\mathrm{A}]_i} = kt_i \tag{20.3}$$

ただし，ln は $\log_e$ を表す．

したがって，濃度比 $[\mathrm{A}]_0/[\mathrm{A}]_i$ の自然対数を反応時間 t_i に対してプロットすれば，その直線の傾きから反応速度定数 k を求めることができる．濃度比 $[\mathrm{A}]_0/[\mathrm{A}]_i$ は，反応溶液の体積を一定と見なせば，物質量比でよい．

次に，反応物 A と B から生成物 P が得られる反応 A+B ⟶ P を考える．この反応では，反応速度式は，

$$v = \frac{d[\mathrm{P}]}{dt} = -\frac{d[\mathrm{A}]}{dt} = k[\mathrm{A}][\mathrm{B}] \tag{20.4}$$

となる．このように，反応速度が2つの反応物の濃度の積に比例する反応を二次反応と呼ぶ．

成分Bが大過剰に存在し，その濃度変化を無視できるとすれば，$k'=k[B]=$（一定）とおくことができ，反応速度式は，

$$-\frac{d[A]}{dt}=k'[A] \tag{20.5}$$

となり，[A]の時間変化は式(20.3)と同様に

$$\ln\frac{[A]_0}{[A]_i}=k't_i \tag{20.6}$$

となる．このような場合を，擬一次反応という．

さて，実際に反応物の濃度変化を測定するには，滴定による分析化学的方法や吸光度の変化などを用いた分光学的方法が用いられる．ここでは，酢酸エチル $CH_3COOC_2H_5$ の加水分解反応を考える．酢酸エチルは，酸（水素イオン）の触媒作用によって，酢酸とエタノールに加水分解される．

$$CH_3COOC_2H_5 + H_2O \xrightarrow{H^+} CH_3COOH + C_2H_5OH \tag{20.7}$$

この反応は平衡反応であるが，水が多量に存在するときは，反応はほとんど完全に式(20.7)の右方向に進む．反応速度式は

$$v=\frac{d[CH_3COOH]}{dt}=-\frac{d[CH_3COOC_2H_5]}{dt}=k[CH_3COOC_2H_5][H_2O] \tag{20.8}$$

となる．水のモル濃度は一定なので，$k'=k[H_2O]$ とおくと，$-\frac{d[CH_3COOC_2H_5]}{dt}=k'[CH_3COOC_2H_5]$ となり，式(20.5)と同様の速度式が得られる．この微分方程式を解くと，$\ln\frac{[CH_3COOC_2H_5]_0}{[CH_3COOC_2H_5]_i}=k't_i$ となる．

反応速度定数 k' を求めるためには，濃度比 $\frac{[CH_3COOC_2H_5]_0}{[CH_3COOC_2H_5]_i}$ を反応時間 t_i に対して求める必要がある．反応溶液の体積を一定と見なせば，この濃度比は物質量比でよい．反応が進むにしたがって酢酸エチルが減少し，それと等しい物質量の酢酸が生成する．よって，酢酸エチルのはじめの物質量は加水分解反応が完結したときの酢酸の物質量と等しい．また，反応の途中（$t=t_i$）での酢酸エチルの物質量は，未反応の酢酸エチルの物質量であるので，反応が完結したとき（$t=\infty$）の酢酸の物質量と $t=t_i$ で生成している酢酸の物質量の差になる．

酢酸の生成量は水酸化ナトリウム水溶液で滴定して求めることができるので，実際には酢酸エチルの物質量比は滴定に要した水酸化ナトリウムの体積（V）から求めることができる．したがって，次の関係式が導かれる．

$$\ln\frac{V_\infty-V_0}{V_\infty-V_i}=k't_i \tag{20.9}$$

ここで，V_0, V_∞, V_i は，それぞれ $t=0$, ∞, t_i のときの滴定値を表す．$V_\infty-V_0$ は反応によ

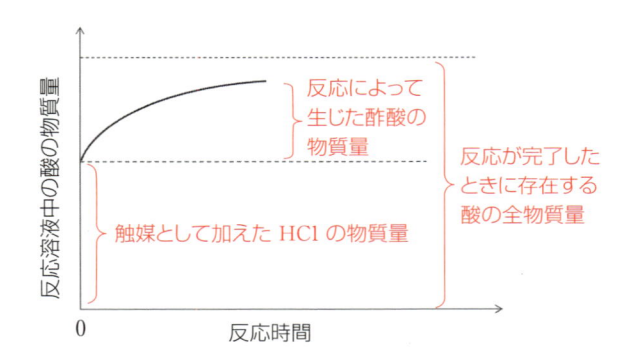

図 20.1 反応溶液中に存在する酸の物質量の時間変化

（図中ラベル：反応溶液中の酸の物質量／反応時間／触媒として加えた HCl の物質量／反応によって生じた酢酸の物質量／反応が完了したときに存在する酸の全物質量）

って生じた酢酸の総物質量，つまり酢酸エチルのはじめの物質量に対応する（図20.1）．また $V_\infty - V_i$ は生じた酢酸の総物質量と $t = t_i$ で生成している酢酸の物質量の差，すなわち残存している酢酸エチルの物質量に対応する．この関係式より，k' の値を実験により決定できる．

実験操作

器　具

恒温槽，三角フラスコ（100 mL，200 mL），ホールピペット（5 mL），ビュレット（50 mL），ビーカー

試　薬

酢酸エチル，0.1 M 水酸化ナトリウム溶液，0.5 M 塩酸，フェノールフタレイン溶液

操　作

200 mL の三角フラスコに 0.5 M 塩酸 100 mL をとり，30℃の恒温槽に浸す．

塩酸の温度が一定に達したら，酢酸エチル 5 mL をホールピペットで加えてよく振り混ぜる．すぐに，その混液からホールピペットを用いて 5 mL を取り出し，あらかじめ蒸留水 50 mL を入れたフラスコに注ぐ．このときの時間を 0 とする．この液にフェノールフタレイン溶液を 1～2 滴加え，0.1 M 水酸化ナトリウム溶液を用いて滴定する．終点における水酸化ナトリウム溶液の所要量を V_0 とする．次に約 10 分経過した後，再び塩酸と酢酸エチルの混液からホールピペットを用いて 5 mL を取り出し，蒸留水を入れた三角フラスコ中に注ぐ．このときの時間 t_{10} を正確に記録し，滴定に要した水酸化ナトリウム溶液の容積 V_{10} を記録する．以下，20，40，60 分後に同様の操作を繰り返す．

その後，反応液の入った三角フラスコに栓をして，80℃の湯浴中で 30 分加熱し，反応を完結させる．冷やしてから，同様に 5 mL を取り出し，水で希釈した後滴定をおこなう．この最後の滴定の水酸化ナトリウム溶液の所要量を V_∞ とする．実験ノートに表 20.1 を完成させる．

横軸に t_i [min] をとり，縦軸に各反応時間における $\ln\dfrac{V_\infty - V_0}{V_\infty - V_i}$ の値をプロットして，得られた直線の勾配から速度定数 k' [min^{-1}] を求める．

実験 20. 反応速度の測定（酢酸エチルの加水分解）

表 20.1 酢酸エチル混液の滴定値

時間 t_i (分)	ビュレットの目盛 (mL)		終点までの所要量 V_i (mL)	$V_\infty - V_i$ (mL)	$\ln \dfrac{V_\infty - V_0}{V_\infty - V_i}$
	始め	終り			
0			($= V_0$)		
			($= V_{10}$)		
			($= V_{20}$)		
			($= V_{40}$)		
			($= V_{60}$)		
			($= V_\infty$)		

半減期

一次反応の速度式〔式(20.3)〕から，[A] の時間変化は，$[A] = [A]_0 e^{-kt}$ となる．[A] の濃度が初濃度 $[A]_0$ の半分になるまでの時間を半減期 $t_{1/2}$ という．$[A] = \dfrac{1}{2}[A]_0$ として $t_{1/2}$ を求めると，$t_{1/2} = \dfrac{\ln 2}{k} = \dfrac{0.693}{k}$ となり，初濃度 $[A]_0$ に依存しない．実際は半減期の 10 倍の時間で反応はほぼ完結 (99.9%) するので，反応が完結する時間は，一次反応については初濃度に依存しないことがわかる．放射性物質の壊変は一次反応の代表例である．

エステルの加水分解の反応機構

酸触媒によるエステルの加水分解反応は多段階で進行する．まず，エステルに触媒である酸 (H^+) が付加し，反応性の高いカルボカチオン中間体 (C^+) が生じる．これに水 H_2O が付加し，次いで，H^+ の移動が起こり，最後にアルコールが脱離する．このとき生じる H^+ は再びエステルに付加して，新たな反応が始まる．このように，H^+ は自身は反応の物質収支に関与しないが，反応を加速する役目を果たしている．

課題

1. V_0 および V_∞ の理論値を求めよ．酢酸エチルの比重は 0.902 とし，5 mL の酢酸エチルと 100 mL の塩酸の混合溶液の体積を 105 mL とする．
2. V_0 と V_∞ の理論値を用いて，各時間における $\ln \dfrac{V_\infty - V_0}{V_\infty - V_i}$ をプロットし，結果で作成した $\ln \dfrac{V_\infty - V_0}{V_\infty - V_i}$ のプロットと比較せよ．
3. 滴定の際に，採取した反応溶液を 50 mL の水で希釈するのはなぜか．

実験 21. 赤外吸収スペクトルとコンピューター実験

目 的

実験 16 で合成したアセトアニリドの赤外吸収スペクトル（IR スペクトル）を測定し，得られたスペクトルとコンピューター実験（非経験的分子軌道計算）から予測されたスペクトルとを比較することにより，化合物の同定をおこなう．

原 理

化合物中の原子と原子の間には化学結合が存在する．化学結合をバネと考えると，化学結合で結ばれた原子同士は，ある周波数で常に振動している．この振動の周波数（振動数）はちょうど電磁波の一種である赤外線の領域にある．したがって，物質に赤外線を照射すると原子の振動に相当する振動数の赤外線が共鳴吸収される．この性質を利用して物質の赤外吸収スペクトル（infrared spectrum，IR spectrum）を得ることができる．赤外吸収スペクトルでは，横軸に赤外線の波数（1 cm あたりの波の数，エネルギーに対応）をとり，縦軸に赤外線の透過率（$\%T = (I/I_0) \times 100$，I_0 は照射した赤外線の強度，I はサンプルを透過した赤外線の強度）をとる．

結合 A－B（A≠B）を例として，その伸縮振動を考えよう（図 21.1）．原子 A と原子 B の原子間距離を r とする．距離 r が平衡原子間距離 r_0 よりも少し長くなると，結合距離を縮める方向に力がはたらき，距離 r が r_0 よりも少し短くなると，結合距離を伸ばす方向に力がはたらく．その結果，結合 A－B は 1 秒間に $10^{13} \sim 10^{14}$ 回という速いスピードで伸縮振動を繰り返す．電磁波（光）は 1 秒間に 3×10^{10} cm 進むので，結合 A－B の伸縮振動の波数はおおよそ 400～4000 cm^{-1} となる．このとき，結合 A－B の伸縮振動によって吸収される赤外線の波数 $\tilde{\nu}$ には次の関係式が成り立つ．

$$\tilde{\nu} = \frac{1}{2\pi c} \sqrt{\frac{k}{\mu}} \tag{21.1}$$

ここで，c は光速，k は共有結合をバネとしたときのバネ定数（結合 A－B の強さに相関），μ は原子 A と原子 B の換算質量 $(m_A m_B)/(m_A + m_B)$ である．式(21.1)より，次の重要な関係が成り立つ．

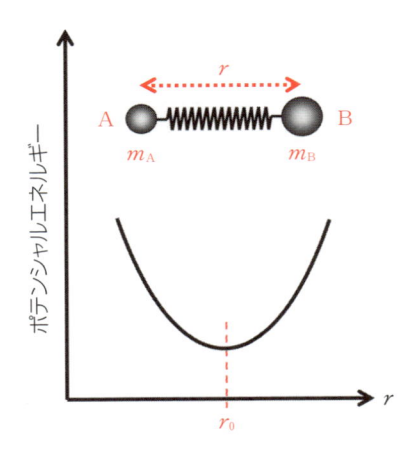

図 21.1 結合 A−B の伸縮振動のポテンシャル曲線

(1) A−B が強い結合であるほど（k が大きいほど），共鳴吸収する赤外線の波数 $\tilde{\nu}$ は大きくなる．
(2) A，B が重い原子であるほど（μ が大きいほど），共鳴吸収する赤外線の波数 $\tilde{\nu}$ は小さくなる．

すなわち，C−O 結合（$\tilde{\nu}\sim 1100$ cm^{-1}）よりも C=O 結合（~ 1700 cm^{-1}）の方が速く振動し，C−H 結合（~ 3000 cm^{-1}）よりも C−D(^{2}H) 結合（~ 2200 cm^{-1}）の方がゆっくり振動する．

実際の分子では，各々の結合の伸縮振動は隣り合った結合の振動と互いに影響し合うために，分子の振動モードは複雑になる．また，結合角の変化（変角振動）など，分子内の複雑な運動もこれに混ざってくることになる．しかし幸いなことに，有機化合物では官能基によって赤外線を吸収する波数はほぼ一定であり，周囲の置換基が変わっても官能基が吸収する赤外線の波数はそれほど大きくは変化しない．そのため，たとえば分子内に C=O 結合をもつものは必ず 1700 cm^{-1} 付近に強い共鳴吸収が起こる．このように官能基による特有の共鳴吸収の波数を特性吸収帯という（表 21.1）．測定されたスペクトルから特性吸収帯の吸収ピークを探すことによって，化合物中に含まれる官能基を見つけることができる．

赤外吸収スペクトルの解析では，特性吸収帯の波数だけでなく，その吸収強度も重要な情報を与える．すなわち，赤外線の共鳴吸収の強度は，その振動モードに伴って分子の双極子モーメントが大きく変化するほど大きくなる．たとえば，C=O 結合の双極子モーメント μ は結合距離 r とそれぞれの原子上の点電荷 $\pm q$ の積で表される（$\mu = q \times r$）（図 21.2）．双極子モーメントは結合距離が長くなると大きくなり，したがって，C=O 伸縮振動は赤外線を強く吸収する．しかし，C=C 結合の場合，結合の双極子モーメントは小さいので，赤外線の吸収強度は小さくなる．

表21.1　有機化合物による赤外線の特性吸収帯（伸縮振動）[a]

官能基	波数 $\tilde{\nu}$ (cm^{-1})	官能基	波数 $\tilde{\nu}$ (cm^{-1})	官能基	波数 $\tilde{\nu}$ (cm^{-1})
O−H	3100〜3600	S−H	2500〜2600	C−O	1000〜1300
N−H	2400〜3500	C=C	1600〜1700	C=O	1500〜1900
C−H（脂肪族）	2800〜3000	C≡C	2100〜2300	C−N	1000〜1400
C−H（芳香族）	3000〜3100	C≡N	2100〜2300	C−F	1000〜1400

[a] おおよその値であって，実際の化合物では大きく異なる場合がある．

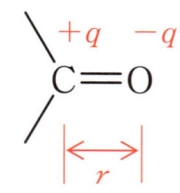

図21.2　C=O結合の分極

Column

温室効果ガスの赤外線吸収

　地球温暖化の一因として，大気中に微量に存在する二酸化炭素 CO_2，メタン CH_4，一酸化二窒素 N_2O などの濃度上昇が疑われている．これらのガスは，太陽光が地表面に当たって放出される赤外線を吸収するため，宇宙への熱の放出を抑制し，地上付近の大気の温度を一定に保つ効果をもつ．このようなガスを温室効果ガスと呼ぶ．近年，エネルギーの大量消費によって，これらの温室効果ガスの濃度が徐々に上昇し，その結果，気温の上昇が起こっていると考えられている．

　温室効果ガスの CO_2 と CH_4 はいずれも双極子モーメントをもたない無極性分子であるが，その振動モードの中には双極子モーメントが変化するものがある（赤外活性）．たとえば，CO_2 の変角振動では，O−C−O結合が折れ曲がることによって双極子モーメントが生じる．結果として，CO_2 と CH_4 は赤外線を共鳴吸収することができる．一方，大気の主成分である窒素 N_2 と酸素 O_2 はそのような効果をもたない．これは，N_2 と O_2 は等核二原子分子であり，伸縮振動しても双極子モーメントが生じず，双極子モーメントが変化しないためである（赤外不活性）．

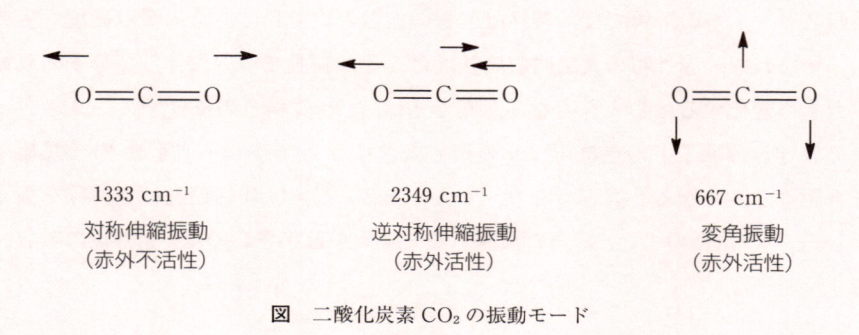

1333 cm^{-1}	2349 cm^{-1}	667 cm^{-1}
対称伸縮振動（赤外不活性）	逆対称伸縮振動（赤外活性）	変角振動（赤外活性）

図　二酸化炭素 CO_2 の振動モード

赤外吸収スペクトルの解析において，特性吸収帯を見つけてその吸収ピークがどの官能基に帰属するものなのかを確認することは，C=O結合のように独自の波数領域に強いピークを与える場合を除いて容易ではない．そこで，吸収ピークの帰属をおこなう際には，過去に測定された赤外吸収スペクトルのデータベースやコンピューターによる理論計算が利用される．ここでは，コンピューターを用いてあらかじめ吸収ピークが現れる波数を予測しておき，この予測と実際に実験で得られるスペクトルとの比較をおこなう場合を考える．

> **Column**
>
> **化学研究におけるコンピューターの利用**
>
> 　コンピューターは現在，化学研究の分野で広く一般的に用いられている．コンピューターの利用法は様々であるが，最も有用なものは，分子の性質や反応性を実験によらずにコンピューターを用いて仮想的（理論的）に調べる手法（いわゆる計算機実験）での利用である．計算機実験には大きく分けると，量子力学の理論を用いて非経験的に分子の性質を調べる「量子化学計算」と，経験的なパラメータを用いて分子の運動や分子間の相互作用を調べる「分子シミュレーション」とがある．前者は，比較的小さな分子の構造や性質，反応の仕組みを調べる際に用いられる．後者は，多数の分子を含む系（たとえば，氷の結晶が液体の水になるときに起こる相転移）や巨大な分子系（たとえば，タンパク質やDNAの構造や薬物との相互作用）を理論的に予測したり，実験結果の解析を補助したりするのに役立つ．

　量子化学計算の一種である非経験的分子軌道計算法により，アセトアニリドの振動モードとその振動数（波数）を求めることができる．手順は以下のとおりである．

1．アセトアニリド分子の構造をコンピューター画面上で作成する．
2．作成した分子構造を初期構造として，量子化学計算用の統合ソフトウェア（Gaussian09など）を用いて構造の最適化をおこなう．
3．得られた最適化構造を用いて，分子の振動解析（IRスペクトルの予測）をおこなう．
4．振動解析の結果をコンピューター画面上で表示し，振動モードと波数を調べる．

　非経験的分子軌道計算の原理を理解するためには，量子力学の知識が必要不可欠である．しかし現在では，Gaussian09のように量子力学に対する深い知識がなくとも容易に必要な情報を得られる統合ソフトウェアが市販されており，これを利用することで研究の効率化が図られている．計算機の進歩によって，非経験的分子軌道計算の精度も向上し，赤外吸収スペクトルだけでなく，紫外可視吸収スペクトルや核磁気共鳴スペクトルなども計算機実験によって精度よく再現できるようになっている．
　非経験的分子軌道計算によって得られたアセトアニリドの赤外吸収スペクトルを図21.3に，基準振動の振動数を表21.2に示す．

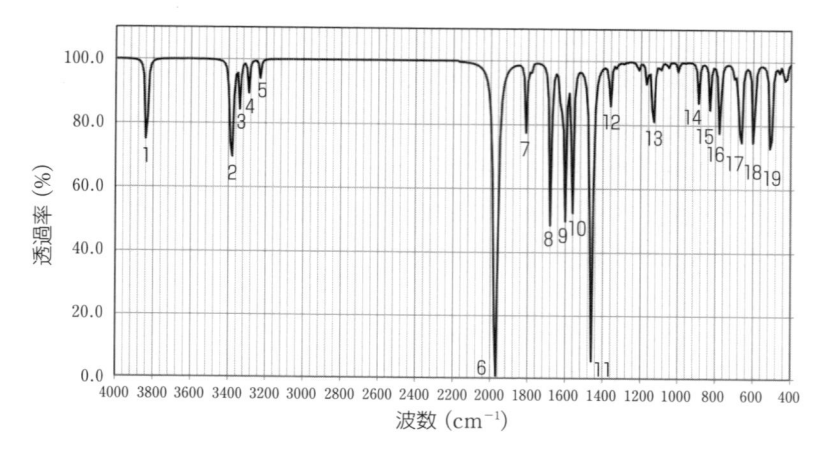

図21.3 計算により予想されたアセトアニリドの赤外吸収スペクトル（計算レベル HF/6−31G(d)）
縦軸は透過率 I/I_0（%）

表21.2 アセトアニリドの基準振動の予測振動数（計算レベル HF/6−31G(d)）[a]

番号	振動数 (cm^{-1})	相対強度	振動モード
1	3836	m（中）	N−H 伸縮振動（アミド）
2	3380	m	C−H 伸縮振動（ベンゼン環）
3	3338	w（弱）	C−H 伸縮振動（メチル基）
4	3291	w	C−H 伸縮振動（メチル基）
5	3229	w	C−H 伸縮振動（メチル基）
6	1972	s（強）	C=O 伸縮振動（アミド）
7	1809	w	C=C 伸縮振動（ベンゼン環）
8	1679	m	N−H 面内変角振動（アミド）
9	1601	m	C−H 変角振動（メチル基）
10	1562	m	C−H 変角振動（メチル基）
11	1461	s	N−H 面内変角振動（アミド）
12	1362	w	C−N 伸縮振動（アミド）
13	1136	w	C−H 変角振動（メチル基）[b]
14	890	w	C−C 伸縮振動（アミド）[b]
15	829	w	C−H 面外変角振動（ベンゼン環）
16	777	w	C−H 面外変角振動（ベンゼン環）
17	665	w	N−H 面外変角振動（アミド）[b]
18	596	w	C=O 面内変角振動（アミド）[b]
19	505	w	C−H 面外変角振動（ベンゼン環）[b]

[a] 非経験的分子軌道計算によって得られる振動数は，一般に実測値よりやや大きな値となる．本表の計算レベルにおいては一般に，計算された振動数に 0.89 を掛けると実測値によく合うことが知られている．
[b] 振動モードは複雑であり，帰属は必ずしも明確でない．

実験操作

測定用試料の作成

臭化カリウムの結晶1粒をメノウ乳鉢にとり，細かくすりつぶす．これに，アセトアニリドを少量加え，均一になるようにさらにすりつぶす．十分にすりつぶしたサンプルを試料作成容器に入れ，圧力を加えてペレット状にする．ペレットを取り出し，試料が半透明の状態となっていることを確かめる．

赤外吸収スペクトルの測定

作成した円盤状の試料をサンプルホルダーにセットする．次に，サンプルホルダーを赤外

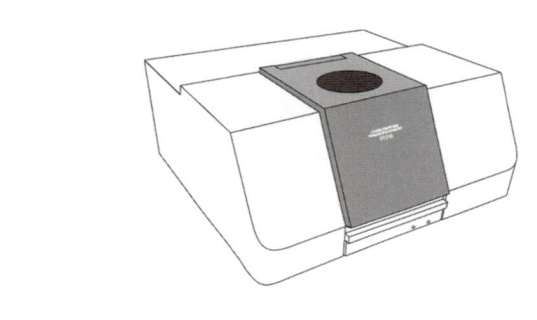

図 21.4 赤外分光器

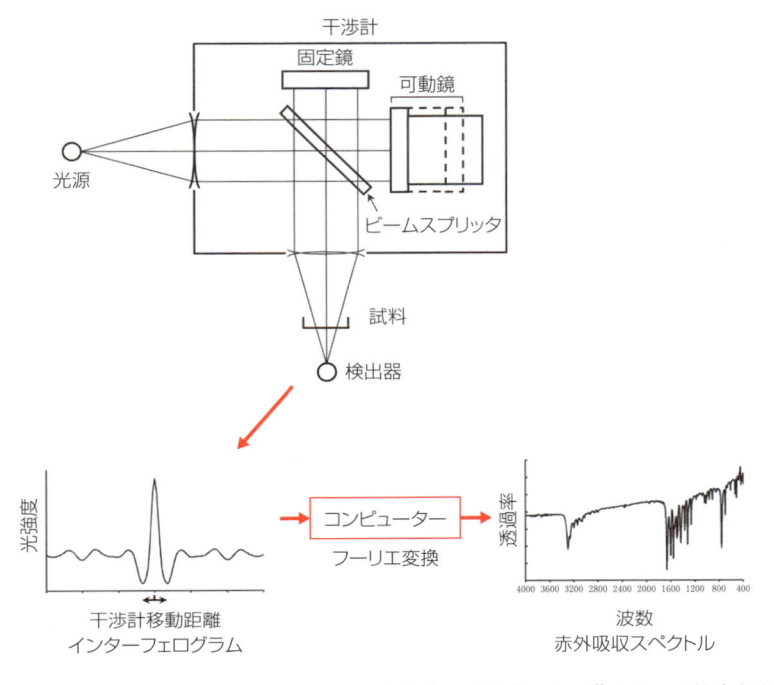

図 21.5 赤外分光器の内部の仕組み．光源から出た赤外線は干渉計の中に導かれ，干渉光となって試料に照射される．透過した赤外線をインターフェログラムとしてコンピューターに取り込み，フーリエ変換することによって赤外吸収スペクトルが得られる．

分光器（図 21.4）にセットして，赤外吸収スペクトルを測定する．

スペクトルの解析

得られたスペクトルから，共鳴吸収ピークの波数と強度を読みとる．読みとった値と表 21.2 に示した計算による予測値とを比較することにより，観測された吸収ピークを各振動モードに帰属する．

課　題

1. 本実験でおこなったサンプル作成法は錠剤法であり，固体試料の場合によく用いられる方法である．赤外吸収スペクトル測定用のサンプルの作成法にはほかにどのようなものがあるか．それぞれの方法の利点と欠点について説明せよ．
2. 錠剤法を用いて測定される赤外吸収スペクトルは量子化学計算によってある程度うまく再現されるが，両者は完全に一致するわけではない．この理由として，どのようなことが考えられるか．

付録A 実験ノートの書き方

　実験は気楽に何度もやり直すことができるものではないので，1回の実験で得られる情報をすべて記録することが重要である．そのためには，実験ノートを用意し，そこに予習から実験の経過・結果はもちろんのこと，データ処理や考察まですべてを記録することが必要である．

　実験ノートとしては，必ず専用の**A4ノート**を準備する．ノートは1冊にまとまっているものが望ましい．ルーズリーフ形式のものは，紛失したり，予習ページと記録ページの関係が失われたりするため，好ましくない．実験ノートは次のように書くとよい．

① 実験ノートは見開きで使用し，左ページを予習用として実験の題目，目的，原理（反応式等），操作（フローチャート等），試薬の性質などを記入する．後でガイダンスでの注意事項などを書き加えられるように，少し余裕をもって記入しておくとよい．実験はノートに書いてきた操作を見ておこなう（教科書を見て実験してはならない）．

② 右ページには，実験結果（観察結果）を逐次記録していく．実験中に書くのでなかなかきれいに記入できないが，多少乱雑になってもできるだけ詳しく書いた方がよい．

③ 実験終了後，データ処理や考察も右ページに書く．

　例として，下に無機定性実験の時の実験ノートの書き方を示した．参考にして欲しい．

〈左のページ〉　　　　　　　　　　〈右のページ〉

〈左のページ〉	〈右のページ〉
実験題目 操作・・・フローチャート 　　操作に番号をつける 　　　│　←　①HClを加える 　　　│　←　②ろ過 ★余裕をもって書く ★ガイダンス時の注意事項を書く 　スペースを空けておく	結果 操作の番号に合わせて，結果を書く 　① 　② 　⑤ 　⑦ ★気が付いたことは細かく書く 　（反応の様子，沈殿の色や形等） ★実験後のディスカッションの内容

付録B　有効数字と誤差の取り扱い

　定量的な実験の場合，結果として種々の機器から測定値が得られるが，それらの取り扱いには十分注意が必要である．測定値は実験上の誤差を伴った値であるから，むやみに数字をいくつも並べるのは無意味である．測定値として意味のある数字を示すのに有効な数字を**有効数字**という．有効数字の桁数は，測定値がここまでは正確であると保証できる桁よりも1桁多くとる．たとえば，目盛間隔が 0.1 mL の 50 mL ビュレットの読みが 20.14 mL であったとすると，正確であると保証できるのは小数第1位以上の3桁で，最後の小数第2位は目測によるものであるから不確実である．したがって，この場合有効数字は4桁となる．通常，機器の最小目盛の1/10の位まで目測で読みとるので，この位までが有効数字だと考えればよい．

　レポートで測定結果を報告する場合は，有効数字を考慮して数値を記載しなければならない．規則を次に示す．

① すべての有効数字（正確であると保証できる数字すべてと不確実な数字1つ）を記載する．0以外の数字から末尾の数字までが有効数字であるとみなされるので，表記の仕方には注意が必要である．たとえば，0.123 は有効数字3桁であるが，0.1230 は有効数字4桁である．また大きな数値の場合，有効数字をはっきりさせるために指数表記を用いるとよい．たとえば，123000 では有効数字がはっきりしないが，1.230×10^5 と表記すれば有効数字4桁とわかる．

② 有効数字以外の数字はデータ処理の過程で四捨五入する．ただし，通常の四捨五入とは少し異なるので注意が必要である．有効数字の最終桁より下の桁の数字が5未満であれば切り捨て，5より大きいときは切り上げる．5のときは，その前の数字が偶数のときは切り捨て，奇数のときは切り上げる．たとえば，有効数字3桁であるとすると，1.235 も 1.245 も 1.24 と書くことになる．

③ 有効数字の加減算の場合，加減される数値の中で最終桁の位が最も高いものに計算結果の最終桁の位を合わせるように四捨五入する．たとえば，201.40 g の水に 1.2345 g の NaCl を溶かした溶液の質量は，201.4<u>0</u> g＋1.234<u>5</u> g＝202.6345 g≒202.6<u>3</u> g となる（下線を付けた最終桁の位に注目し，計算結果の最終桁は位の高い小数第2位に合わせる）．

④ 有効数字の乗除算の場合，元の数値の中で最も桁数の少ないものに，計算結果の桁数を合わせるように四捨五入する．たとえば，1.2345 g のある物質の体積が 1.23 cm³ であったとき，この物質の密度は 1.2345 g÷1.23 cm³＝1.003658… g/cm³≒1.00 g/cm³ となる（5桁と3桁の有効数字の割り算であるから，結果は桁数の少ない3桁に揃える）．

付録C　グラフの作成法

　グラフは，数量的な測定結果を表現する最も有効な手段である．Excel などの表計算ソフトを使用すると手軽にグラフを作成することができるが，グラフ作成に慣れないうちはグラフ作成法を身に付けるために，方眼紙に手描きでグラフを作成することを勧める．グラフを作成する上で最低限必要な事項には次のようなものが挙げられる．

① 縦軸と横軸が書かれており，それらに目盛と目盛数字が記入されていること．方眼紙を用いた場合，方眼の外枠を軸に見立てて軸を書かない人がいるが，縦軸・横軸は必ず自分で書き入れること．また，方眼の外枠を軸にすると，目盛数字などを記入するスペースがほとんどなくなるので，方眼の外枠より内側に軸をとる方がよい．

② 縦軸と横軸には，その表示量と単位が明記されていること．「モル濃度，C/mol L^{-1}」や「温度，t/℃」といった軸の説明を必ず記入すること．一般的に，測定値を縦軸に，実験条件（故意に変化させた濃度や温度など）を横軸にとる．

③ 表示内容の概略を示す表題が付けられていること（下の例を参照せよ）．

④ どこにデータ点があるかはっきり分かるように，○や▲などの記号を用いてプロットすること．データ点には誤差が含まれていることを考慮して，データ点間を直線あるいは滑らかな曲線で結ぶことにより，縦軸と横軸で表した2つの物理量の間の関係を図示する．直線は定規を用いて書くこと．曲線の作図には自在定規の使用を勧める．

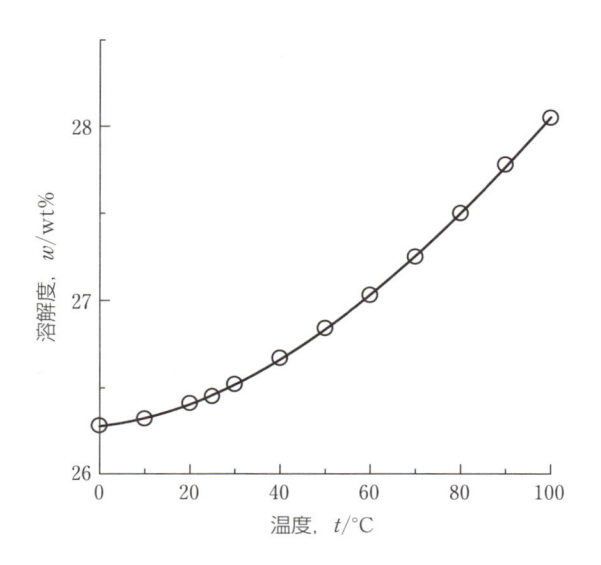

図　NaCl の水への溶解度曲線

付録D　レポートの作成法

　実験が終了したら必ず実験のレポートを提出する．レポートは「報告」の意味をよく理解し，実験ノートの記録を基に，次の点に注意して作成する．

① 正確な内容を，丁寧な文字で簡潔に書く．
② 実験経過や結果は失敗や誤りであっても事実を報告する．よい結果だけに意味があるとは限らない．
③ 自分自身がおこなった実験であることを明確にし，主体性をもたせる．
④ レポートが完成したら必ず読み直しをする．

　本書の化学実験では，レポート作成法の習得も目的であるため，さらに次の注意事項も守ること．

① Ａ４レポート用紙を使用する．
② 項目ごとにページを変える．
　　（1. 目的，2. 原理，3. 操作，4. 結果，5. 考察，6. 課題，7. 参考文献）
③ 黒のインクまたは黒ボールペンで書く．鉛筆，ワープロ書きは認めない．色（マーカー，色鉛筆など）は使わない．
④ 原理に反応式，図，表をできるだけ書き，それについての説明を書く．
⑤ 所定の表紙を用いる．再提出する場合，表紙は替えない．
⑥ レポートの上部2箇所をホッチキスで留める．

　最後に，項目ごとに注意事項を挙げておく．

表　紙

　所定の書式（112ページ参照）に従い，①実験題目（具体的に），②実験日，③学籍番号・氏名を明記する．

目　的

　実験の目的を簡潔な文章で書く．

原　理

　実験の基礎となっている理論，基本的な反応を，教科書を参考にして説明する．

① イオンの特徴および定性反応については，実際に実験に用いた反応について説明する．
② 実験に使用した反応は，反応式を用いて説明する．

③ 反応の条件や反応機構についてできるだけ詳しく説明する．
④ 反応によって生じる沈殿の形状や色，溶液の色の変化を理論に基づいて説明する．

操　作
① フローチャート式に書く（無機定性実験のレポートのみ）．
② 実際に行った実験操作を過去形で書く．
③ 実験操作ごとに通し番号を付ける．
④ 使用した試薬の量は正確に書く．

結　果
① 実験操作の番号に合わせて書く（操作に対して結果がないところは，番号が空いても構わない）．
② 実際に得られた結果を過去形で書く．
③ 実験を行っていないところは，その理由を書く．

考　察
考察は実験の感想ではない．実験結果に対する《自分の学問的な考え・理論》を書くことを常に心掛ける．
① 実験全体を通して考察する．
② 実験結果が予想と異なった場合や実験が失敗した場合は，考えられる原因を書く．
③ 科学的（化学的）な考察をする．
④ 半ページ以上書く．

課　題
実験操作の説明のときに毎回課題が与えられるので，その課題に解答する．

参考文献
実験およびレポートを書くにあたり，参考にした文献や論文などの一覧を，文献のタイトル，著者名，出版社名，出版年，参考にしたページ数，の順に書く．
① 最低1つは書く．
② 以下のものは参考文献とは認めない．
・高校の教科書および参考書
・インターネット上の記述（Wikipedia など）
・本書

ページ1（表紙）

↓　ホッチキス留め　↓

第1属の陽イオン
　　（Ag^+, Hg_2^{2+}, Pb^{2+}）の確認

20XX年○月○○日
0BSC9999　○○　○○

チェック欄

1. 目的	
2. 原理	
3. 操作	

ページ2

1. 目　的

実験の目的を簡潔な文章で書く．

ページ3

2. 原　理

実験の理論・反応を説明する．

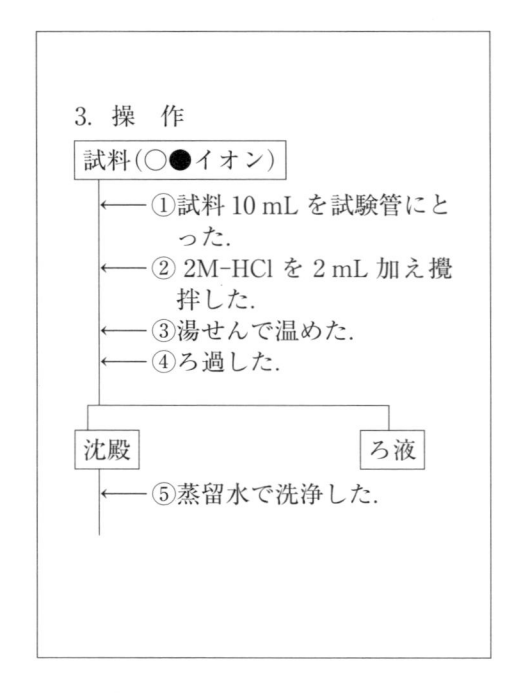

ページ4

3. 操　作

試料（○●イオン）
　←①試料10 mLを試験管にとった．
　←②2M-HClを2 mL加え撹拌した．
　←③湯せんで温めた．
　←④ろ過した．

沈殿　　　　　　　　　ろ液
　←⑤蒸留水で洗浄した．

4. 結　果
①試料は少しピンク色を呈していた．
②白色の沈殿が生じた．
③・・・・・
④・・・・・
⑤ろ紙上に白色の粉末結晶が得られた．

○●イオンを確認した．

5. 考　察
　実験結果に対する自分の学問的な考え・理論を書く．

6. 課　題
与えられた課題に解答する．

7. 参考文献
参考にした文献や論文などの一覧．

付録D　レポートの作成法

レポート表紙の書式

_____

20　　年　　月　　日

学生証番号：_____

氏名　　　：_____

チェック欄

1. 目的	
2. 原理	
3. 操作	
4. 結果	
5. 考察	
6. 課題	
7. 参考文献	

資料1

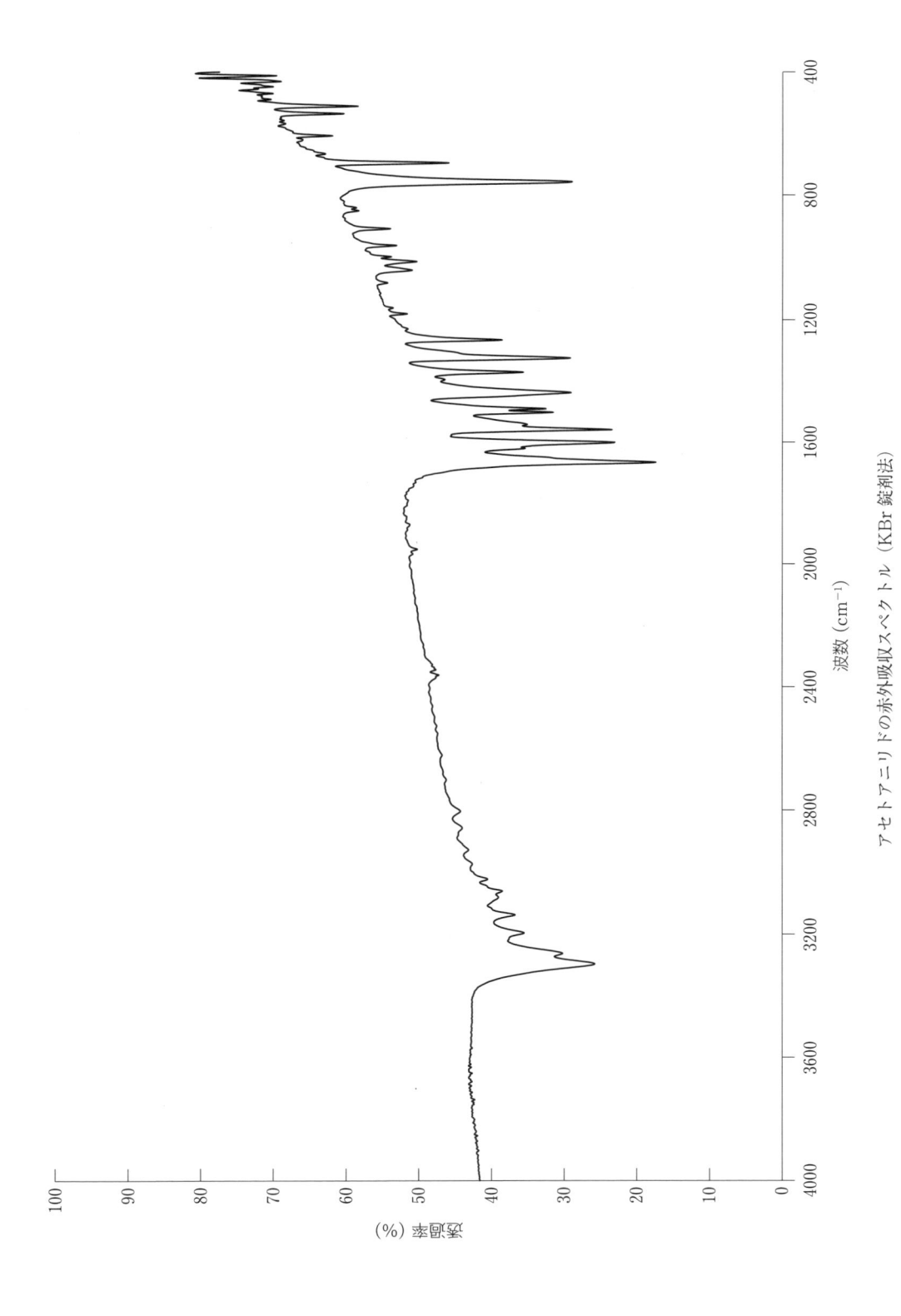

アセトアニリドの赤外吸収スペクトル（KBr錠剤法）

資料2

4桁の原子量表（2019）

(元素の原子量は，質量数12の炭素（^{12}C）を12とし，これに対する相対値とする。)

　本表は，実用上の便宜を考えて，国際純正・応用化学連合（IUPAC）で承認された最新の原子量に基づき，日本化学会原子量専門委員会が独自に作成したものである。本来，同位体存在度の不確定さは，自然に，あるいは人為的に起こりうる変動や実験誤差のために，元素ごとに異なる。従って，個々の原子量の値は，正確度が保証された有効数字の桁数が大きく異なる。本表の原子量を引用する際には，このことに注意を喚起することが望ましい。

　なお，本表の原子量の信頼性は亜鉛の場合を除き有効数字の4桁目で±1以内である。また，安定同位体がなく，天然で特定の同位体組成を示さない元素については，その元素の放射性同位体の質量数の一例を（ ）内に示した。従って，その値を原子量として扱うことは出来ない。

原子番号	元素名	元素記号	原子量	原子番号	元素名	元素記号	原子量
1	水素	H	1.008	60	ネオジム	Nd	144.2
2	ヘリウム	He	4.003	61	プロメチウム	Pm	(145)
3	リチウム	Li	6.941†	62	サマリウム	Sm	150.4
4	ベリリウム	Be	9.012	63	ユウロピウム	Eu	152.0
5	ホウ素	B	10.81	64	ガドリニウム	Gd	157.3
6	炭素	C	12.01	65	テルビウム	Tb	158.9
7	窒素	N	14.01	66	ジスプロシウム	Dy	162.5
8	酸素	O	16.00	67	ホルミウム	Ho	164.9
9	フッ素	F	19.00	68	エルビウム	Er	167.3
10	ネオン	Ne	20.18	69	ツリウム	Tm	168.9
11	ナトリウム	Na	22.99	70	イッテルビウム	Yb	173.0
12	マグネシウム	Mg	24.31	71	ルテチウム	Lu	175.0
13	アルミニウム	Al	26.98	72	ハフニウム	Hf	178.5
14	ケイ素	Si	28.09	73	タンタル	Ta	180.9
15	リン	P	30.97	74	タングステン	W	183.8
16	硫黄	S	32.07	75	レニウム	Re	186.2
17	塩素	Cl	35.45	76	オスミウム	Os	190.2
18	アルゴン	Ar	39.95	77	イリジウム	Ir	192.2
19	カリウム	K	39.10	78	白金	Pt	195.1
20	カルシウム	Ca	40.08	79	金	Au	197.0
21	スカンジウム	Sc	44.96	80	水銀	Hg	200.6
22	チタン	Ti	47.87	81	タリウム	Tl	204.4
23	バナジウム	V	50.94	82	鉛	Pb	207.2
24	クロム	Cr	52.00	83	ビスマス	Bi	209.0
25	マンガン	Mn	54.94	84	ポロニウム	Po	(210)
26	鉄	Fe	55.85	85	アスタチン	At	(210)
27	コバルト	Co	58.93	86	ラドン	Rn	(222)
28	ニッケル	Ni	58.69	87	フランシウム	Fr	(223)
29	銅	Cu	63.55	88	ラジウム	Ra	(226)
30	亜鉛	Zn	65.38*	89	アクチニウム	Ac	(227)
31	ガリウム	Ga	69.72	90	トリウム	Th	232.0
32	ゲルマニウム	Ge	72.63	91	プロトアクチニウム	Pa	231.0
33	ヒ素	As	74.92	92	ウラン	U	238.0
34	セレン	Se	78.97	93	ネプツニウム	Np	(237)
35	臭素	Br	79.90	94	プルトニウム	Pu	(239)
36	クリプトン	Kr	83.80	95	アメリシウム	Am	(243)
37	ルビジウム	Rb	85.47	96	キュリウム	Cm	(247)
38	ストロンチウム	Sr	87.62	97	バークリウム	Bk	(247)
39	イットリウム	Y	88.91	98	カリホルニウム	Cf	(252)
40	ジルコニウム	Zr	91.22	99	アインスタイニウム	Es	(252)
41	ニオブ	Nb	92.91	100	フェルミウム	Fm	(257)
42	モリブデン	Mo	95.95	101	メンデレビウム	Md	(258)
43	テクネチウム	Tc	(99)	102	ノーベリウム	No	(259)
44	ルテニウム	Ru	101.1	103	ローレンシウム	Lr	(262)
45	ロジウム	Rh	102.9	104	ラザホージウム	Rf	(267)
46	パラジウム	Pd	106.4	105	ドブニウム	Db	(268)
47	銀	Ag	107.9	106	シーボーギウム	Sg	(271)
48	カドミウム	Cd	112.4	107	ボーリウム	Bh	(272)
49	インジウム	In	114.8	108	ハッシウム	Hs	(277)
50	スズ	Sn	118.7	109	マイトネリウム	Mt	(276)
51	アンチモン	Sb	121.8	110	ダームスタチウム	Ds	(281)
52	テルル	Te	127.6	111	レントゲニウム	Rg	(280)
53	ヨウ素	I	126.9	112	コペルニシウム	Cn	(285)
54	キセノン	Xe	131.3	113	ニホニウム	Nh	(278)
55	セシウム	Cs	132.9	114	フレロビウム	Fl	(289)
56	バリウム	Ba	137.3	115	モスコビウム	Mc	(289)
57	ランタン	La	138.9	116	リバモリウム	Lv	(293)
58	セリウム	Ce	140.1	117	テネシン	Ts	(293)
59	プラセオジム	Pr	140.9	118	オガネソン	Og	(294)

† : 市販品中のリチウム化合物のリチウムの原子量は 6.938 から 6.997 の幅をもつ。
* : 亜鉛に関しては原子量の信頼性は有効数字4桁目で±2である。

©2019 日本化学会　原子量専門委員会

資料3　元素の周期表

元素の周期表（2019）

族/周期	1	2	3	4	5	6	7	8	9	10	11	12	13	14	15	16	17	18
1	1 **H** 水素 1.00784〜1.00811																	2 **He** ヘリウム 4.002602
2	3 **Li** リチウム 6.938〜6.997	4 **Be** ベリリウム 9.0121831											5 **B** ホウ素 10.806〜10.821	6 **C** 炭素 12.0096〜12.0116	7 **N** 窒素 14.00643〜14.00728	8 **O** 酸素 15.99903〜15.99977	9 **F** フッ素 18.998403163	10 **Ne** ネオン 20.1797
3	11 **Na** ナトリウム 22.98976928	12 **Mg** マグネシウム 24.304〜24.307											13 **Al** アルミニウム 26.9815384	14 **Si** ケイ素 28.084〜28.086	15 **P** リン 30.973761998	16 **S** 硫黄 32.059〜32.076	17 **Cl** 塩素 35.446〜35.457	18 **Ar** アルゴン 39.792〜39.963
4	19 **K** カリウム 39.0983	20 **Ca** カルシウム 40.078	21 **Sc** スカンジウム 44.955908	22 **Ti** チタン 47.867	23 **V** バナジウム 50.9415	24 **Cr** クロム 51.9961	25 **Mn** マンガン 54.938043	26 **Fe** 鉄 55.845	27 **Co** コバルト 58.933194	28 **Ni** ニッケル 58.6934	29 **Cu** 銅 63.546	30 **Zn** 亜鉛 65.38	31 **Ga** ガリウム 69.723	32 **Ge** ゲルマニウム 72.630	33 **As** ヒ素 74.921595	34 **Se** セレン 78.971	35 **Br** 臭素 79.901〜79.907	36 **Kr** クリプトン 83.798
5	37 **Rb** ルビジウム 85.4678	38 **Sr** ストロンチウム 87.62	39 **Y** イットリウム 88.90584	40 **Zr** ジルコニウム 91.224	41 **Nb** ニオブ 92.90637	42 **Mo** モリブデン 95.95	43 **Tc*** テクネチウム (99)	44 **Ru** ルテニウム 101.07	45 **Rh** ロジウム 102.90549	46 **Pd** パラジウム 106.42	47 **Ag** 銀 107.8682	48 **Cd** カドミウム 112.414	49 **In** インジウム 114.818	50 **Sn** スズ 118.710	51 **Sb** アンチモン 121.760	52 **Te** テルル 127.60	53 **I** ヨウ素 126.90447	54 **Xe** キセノン 131.293
6	55 **Cs** セシウム 132.90545196	56 **Ba** バリウム 137.327	57-71 ランタノイド	72 **Hf** ハフニウム 178.49	73 **Ta** タンタル 180.94788	74 **W** タングステン 183.84	75 **Re** レニウム 186.207	76 **Os** オスミウム 190.23	77 **Ir** イリジウム 192.217	78 **Pt** 白金 195.084	79 **Au** 金 196.966570	80 **Hg** 水銀 200.592	81 **Tl** タリウム 204.382〜204.385	82 **Pb** 鉛 207.2	83 **Bi*** ビスマス 208.98040	84 **Po*** ポロニウム (210)	85 **At*** アスタチン (210)	86 **Rn*** ラドン (222)
7	87 **Fr*** フランシウム (223)	88 **Ra*** ラジウム (226)	89-103 アクチノイド	104 **Rf*** ラザホージウム (267)	105 **Db*** ドブニウム (268)	106 **Sg*** シーボーギウム (271)	107 **Bh*** ボーリウム (272)	108 **Hs*** ハッシウム (277)	109 **Mt*** マイトネリウム (276)	110 **Ds*** ダームスタチウム (281)	111 **Rg*** レントゲニウム (280)	112 **Cn*** コペルニシウム (285)	113 **Nh*** ニホニウム (278)	114 **Fl*** フレロビウム (289)	115 **Mc*** モスコビウム (289)	116 **Lv*** リバモリウム (293)	117 **Ts*** テネシン (293)	118 **Og*** オガネソン (294)

ランタノイド

| 57 **La** ランタン 138.90547 | 58 **Ce** セリウム 140.116 | 59 **Pr** プラセオジム 140.90766 | 60 **Nd** ネオジム 144.242 | 61 **Pm*** プロメチウム (145) | 62 **Sm** サマリウム 150.36 | 63 **Eu** ユウロピウム 151.964 | 64 **Gd** ガドリニウム 157.25 | 65 **Tb** テルビウム 158.925354 | 66 **Dy** ジスプロシウム 162.500 | 67 **Ho** ホルミウム 164.930328 | 68 **Er** エルビウム 167.259 | 69 **Tm** ツリウム 168.934218 | 70 **Yb** イッテルビウム 173.045 | 71 **Lu** ルテチウム 174.9668 |

アクチノイド

| 89 **Ac*** アクチニウム (227) | 90 **Th*** トリウム 232.0377 | 91 **Pa*** プロトアクチニウム 231.03588 | 92 **U*** ウラン 238.02891 | 93 **Np*** ネプツニウム (237) | 94 **Pu*** プルトニウム (239) | 95 **Am*** アメリシウム (243) | 96 **Cm*** キュリウム (247) | 97 **Bk*** バークリウム (247) | 98 **Cf*** カリホルニウム (252) | 99 **Es*** アインスタイニウム (252) | 100 **Fm*** フェルミウム (257) | 101 **Md*** メンデレビウム (258) | 102 **No*** ノーベリウム (259) | 103 **Lr*** ローレンシウム (262) |

注1：元素記号の右肩の"*"はその元素には安定同位体が存在しないことを示す。そのような元素については放射性同位体の質量数の一例を（　）内に示した。ただし、Bi、Th、Pa、U については天然に特定の同位体組成を示すので原子量が与えられる。

注2：この周期表には最新の原子量「原子量表（2019）」が示されている。原子量が範囲で示されている13元素については、その同位体組成が天然に大きく変動するため単一の数値が与えられない。その他の71元素については単一の数値の信頼性を示すため、不確かさを表す最後の桁の数値の最後の桁に示された。

備考：原子番号104番以降の超アクチノイドの周期表の位置は暫定的である。

©2019 日本化学会　原子量専門委員会

索引

英数字

BOD ……………………………………… 49
COD ……………………………………… 49
R_f 値 …………………………………… 90
pH メーター ………………………… 51, 52

あ

亜硝酸ナトリウム ……………………… 68
アジピン酸ジクロリド ………………… 79
アセトアニリド ………………………… 73
アニリン ………………………………… 73
アニリンブラック ……………………… 73
アミド結合 ……………………………… 80
アミノ基 ………………………………… 65
アミン …………………………………… 65
アルケン ………………………………… 65
アルコール ……………………………… 65
アルデヒド ……………………………… 65
アルデヒド基 …………………………… 65
アルミノン試薬 ………………………… 27
安全ピペッター ………………………… 5
アンチモンイオン ……………………… 15
移動相 …………………………………… 88
隕石の分析 ……………………………… 13
炎色反応 ………………………………… 36
王水 ……………………………………… 23
温室効果ガス …………………………… 100

か

界面重合法 ……………………………… 79
確認試薬 ………………………………… 9
過酸化水素 ……………………………… 73
加水分解 ………………………………… 74
カドミウムイオン ……………………… 15
カフェイン ……………………………… 83
カルボニル化合物 ……………………… 65
カルボニル基 …………………………… 65
カルボン酸 ……………………………… 66
還元剤 …………………………………… 50
緩衝溶液 ………………………………… 25
官能基 …………………………………… 65
キップの装置 …………………………… 16
規定度 ……………………………… 49, 57
吸引ろ過 ………………………………… 76
求核付加-脱離反応 …………………… 75
吸光度 …………………………………… 58
吸収曲線 ………………………………… 59
吸収スペクトル ………………………… 59
求電子付加反応 ………………………… 69
共通イオン効果 ………………………… 13
キレート ………………………………… 84
銀イオン ………………………………… 11
銀鏡反応 ………………………………… 66
クロマトグラフィー …………………… 64
系統分析 ………………………………… 9
ケトン …………………………………… 65
検量線 …………………………………… 58
減圧留去 ………………………………… 84
固定相 …………………………………… 88
コバルトガラス ………………………… 39
紺青 ……………………………………… 27

さ

再結晶 ……………………………… 64, 75
最大吸収波長 …………………………… 59
錯イオン ………………………………… 20
酸解離定数 ……………………………… 36
酸化還元滴定 …………………………… 47
酸化剤 …………………………………… 50
酸化反応 ………………………………… 69
シグマ結合 ……………………………… 69

索　引　117

指示薬	55
収率	77
昇華	64, 83
触媒	74
ジアゾ化反応	68
ジメチルグリオキシム	31
蒸留（分留）	64
水銀(I)イオン	11
水銀(II)イオン	15
スズイオン	15
スペクトル線	36
精製	64
生理活性物質(アルカロイド)	83
赤外吸収スペクトル	98
セル長	58

た

脱水剤	84
抽出	64, 84
中和	51
中和滴定	51
定量分析	43
滴定の終点	51
電子天秤	3
透過率	58
当量点	51
トレンス試薬	66
銅(II)イオン	15
同定	64

な

ナイロン	80
ナイロン 6,6	79
鉛イオン	11, 15
ネスラー試薬	39
ネルンストの式	50

は

配位結合	20
配位子	20
薄層クロマトグラフィー	88
反応	64
反応速度	94
反応速度定数	94
パイ結合	69
非経験的分子軌道計算	98
比色分析	58
ヒ素イオン	15
ヒドロキシ基	65

標準酸化還元電位	50
標準電極電位	50
標定	45
ビスマスイオン	15
ビュレット	6
ピクリン酸	67
ファクター	45
ファンデルワールス力	76
フェノール	84
フェーリング反応	67
付加	70
分液漏斗	87
分光光度計	59
分属試薬	9
分離	64, 84
プラスチック	80
ヘキサメチレンジアミン	79
変色域	56
ベルリン青	27
ホルミル基	65
ホールピペット	5
ポリマー	80
ポリ硫化ナトリウム	17

ま

マグネシア混液	23
無水酢酸	73
ムレキシド反応	83
メスフラスコ	7
メニスカス	7

や

有機化合物	64
有機合成	64
融点	76
融点測定	64, 73
溶解度積	13, 17
溶解平衡	30

ら

ランバート・ベールの式	63
ランバート・ベールの法則	62
硫化水素の電離平衡定数	16
量子化学計算	101
理論段数	92
ろ過の仕方	2
ろ紙の折り方	4
ロータリーエバポレーター	84

Memorandum

Memorandum

［著者紹介］

岩岡道夫（いわおか みちお）
1989年　東京大学大学院理学系研究科化学専攻博士課程中退
現　在　東海大学理学部化学科 教授 博士（理学）
専　門　有機化学
主　著　現代有機硫黄化学 基礎から応用まで（共著），化学同人（2014）
　　　　Organoselenium Chemistry: Synthesis and Reactions（共著），Wiley-VCH Verlag GmbH（2012）

藤尾克彦（ふじお かつひこ）
1991年　名古屋大学大学院理学研究科化学専攻博士後期課程単位取得満期退学
現　在　東海大学理学部化学科 教授 博士（理学）
専　門　物理化学・コロイド化学
主　著　応用化学シリーズ8 化学熱力学（共著），朝倉書店（2011）

伊藤　建（いとう たける）
2001年　東京大学大学院工学系研究科応用化学専攻博士課程修了
現　在　東海大学理学部化学科 教授 博士（工学）
専　門　物理化学・無機機能化学

小松真治（こまつ まさはる）
2003年　東京大学大学院工学系研究科応用化学専攻博士課程修了
現　在　東海大学理学部化学科 准教授 博士（工学）
専　門　電気化学
主　著　アサガオはいつ，花を開くのか？読んで納得。「お茶の間サイエンス」，神奈川新聞社（2007）

小口真一（こぐち しんいち）
2006年　東京工業大学大学院生命理工学研究科生物プロセス専攻博士課程修了
現　在　東海大学理学部化学科 准教授 博士（理学）
専　門　有機化学

理工系　基礎化学実験 *Basic Chemistry Laboratory Experiments*	著　者　岩岡道夫・藤尾克彦 　　　　伊藤　建・小松真治　©2014 　　　　小口真一
	発行者　南條光章
2014 年 9 月 15 日　初版 1 刷発行 2021 年 3 月 1 日　初版 5 刷発行	発行所　**共立出版株式会社** 〒112-0006 東京都文京区小日向 4 丁目 6 番地 19 号 電話(03) 3947-2511(代表) 振替口座　00110-2-57035 URL　www.kyoritsu-pub.co.jp
	印　刷　加藤文明社
	製　本　協栄製本
	一般社団法人 NSPA　自然科学書協会 　　　　会員
検印廃止 NDC 432 ISBN 978-4-320-04448-7	Printed in Japan

JCOPY ＜出版者著作権管理機構委託出版物＞
本書の無断複製は著作権法上での例外を除き禁じられています．複製される場合は，そのつど事前に，
出版者著作権管理機構（TEL：03-5244-5088，FAX：03-5244-5089，e-mail：info@jcopy.or.jp）の
許諾を得てください．

■化学・化学工業関連書

www.kyoritsu-pub.co.jp　共立出版

化学大辞典 全10巻	化学大辞典編集委員会編
大学生のための例題で学ぶ化学入門	大野公一他著
わかる理工系のための化学	今西誠之他編著
身近に学ぶ化学の世界	宮澤三雄編著
物質と材料の基本化学 教養の化学改題	伊澤康司他編
化学概論 物質の誕生から未来まで	岩岡道夫他著
プロセス速度 反応装置設計基礎論	菅原拓男他著
理工系のための化学実験 基礎化学からバイオ・機能材料まで	岩村秀他監修
理工系 基礎化学実験	岩岡道夫他著
基礎化学実験 実験操作法Web動画解説付 第2版増補	京都大学大学院人間・環境学研究科化学部会編
やさしい物理化学 自然を楽しむための12講	小池透著
物理化学の基礎	柴田茂雄著
物理化学 上・下 (生命薬学テキストS)	桐野豊編
相関電子と軌道自由度 (物理学最前線 22)	石原純夫著
興味が湧き出る化学結合論 基礎から論理的に理解して楽しく学ぶ	久保田真理著
現代量子化学の基礎	中島威他著
工業熱力学の基礎と要点	中山顕他著
有機化学入門	船山信次著
基礎有機合成化学	妹尾学他著
資源天然物化学 改訂版	秋久俊博他編集
データのとり方とまとめ方 第2版	宗森信他訳
分析化学の基礎	佐竹正忠他著
陸水環境化学	藤永薫編集
走査透過電子顕微鏡の物理 (物理学最前線 20)	田中信夫著
qNMRプライマリーガイド 基礎から実践まで	「qNMRプライマリーガイド」ワーキング・グループ著
コンパクトMRI	巨瀬勝美編著
基礎 高分子科学 改訂版	妹尾学監修
高分子化学 第5版	村橋俊介他編
高分子材料化学	小川俊夫著
プラスチックの表面処理と接着	小川俊夫著
水素機能材料の解析 水素の社会利用に向けて	折茂慎一他編著
バリア技術 基礎理論から合成・成形加工・分析評価まで	バリア研究会監修
コスメティックサイエンス 化粧品の世界を知る	宮澤三雄編著
基礎 化学工学	須藤雅夫編著
新編 化学工学	架谷昌信監修
化学プロセス計算 新訂版	浅野康一著
環境エネルギー	化学工学会編
エネルギー物質ハンドブック 第2版	(社)火薬学会編
現場技術者のための 発破工学ハンドブック	(社)火薬学会発破専門部会編
塗料の流動と顔料分散	植木憲二監訳